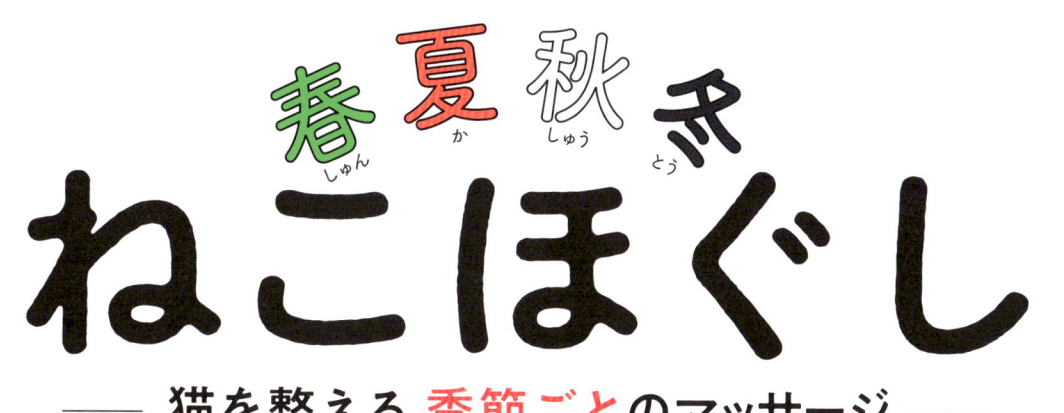

春夏秋冬 ねこほぐし

―― 猫を整える 季節ごとのマッサージ ――

獣医師・鍼灸師　アニマルケアサロンFLORA院長

中桐由貴

JN240504

産業編集センター

Contents

 **2 〜 5月**

身体のバランスを整え、顔まわりのトラブルを改善する……20

 **5 〜 8月**

過度に働きやすい心臓を落ち着けて、機能が落ちやすい小腸の働きを助ける……34

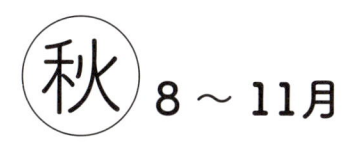

ねこほぐしのススメ
──「はじめに」に代えて──

この本は、猫の飼い主さんが愛猫達と、親密なコミュニケーションをとりつつ、健康管理も一緒に行えるようにとの願いから執筆いたしました。

普段、私は東洋医学や代替医療メインの自身のサロン（動物病院）や他の動物病院で、犬猫にマッサージや鍼治療を行っています。
猫は不調を隠しがちなため、体調不良や病気に気づくのが遅れることが多く、また病院に連れて行くことが犬よりハードルが高いと感じます。

飼い主さんが愛猫の不調に気づくには……。
「ご飯を食べているか」「おしっこやうんちに異常がないか」などは愛猫の体調を知るうえでとても大切で、一番飼い主さんが気づきやすいところです。
私は、ぜひもう少し踏み込んで欲しいと考えています。

コミュニケーションの一環として、身体を触ってマッサージすることが出来れば、いち早く愛猫の不調を察知したり、察知出来なくとも知らず知らずのうちにケアすることが出来、気づけば愛猫との距離が縮まっているはずです。

愛猫達に"元気で長生きして欲しい"というのは、飼い主さん共通の願いだと思っています。その願いを実現する手助けとして「ねこほぐし」はとても有効です。ツボに働きかけるマッサージであるねこほぐしは、猫の為の健康管理法としてもおすすめです。

今回のねこほぐしは季節によって分類されています。
猫はもちろん犬も（人も）ですが、季節の変わり目で体調を崩したり、特定の季節に体調を崩す子は少なくありません。

ねこほぐしは愛猫にとっても、飼い主さんにとっても、ウィンウィンなものだと思います。
どうぞ心ゆくまで癒し癒される、愛猫とのらぶらぶタイムにお使いください♡

季節について

『春夏秋冬ねこほぐし』では、季節や天候によって猫に起こりやすい体調変化に対応するマッサージ法を紹介しています。

季節の分け方は、春は2～5月、夏は5～8月、秋は8～11月、冬は11月～2月としています。春はぽかぽかしながら春一番などの風が吹いて、夏は暑くじめじめ湿気があり、秋は涼しくなって乾燥し、冬は乾燥もありつつ寒い、という感覚です。

最近暑い時期が長かったり、イレギュラーなこともありますので、月の区分はおおよその目安で考えてください。

その月や季節以外のマッサージを行っても、もちろん大丈夫です。例えば、冬のマッサージを、「夏にクーラーで冷えたから」という理由で行うのでも問題ありません。各季節で体調不良の原因の目安がつけられれば適切なマッサージを選びやすいと思います。

季節と猫

人が季節や天気によって体調が変化するように、猫も季節によって体調の変化があります。特に猫は換毛期が春と秋にあったり、発情期が日照時間に関係していたりと、体調変化との関係が深いと言えます。

季節とツボマッサージ

東洋医学の考え方では、同じ症状でも季節によって体調不良の原因が違い、治療法も異なります。

例えば下痢の場合、人でも動物でも、精神的なストレスで下痢になることもあれば、お腹が冷えて下痢になることもあるでしょう。その場合、共通のツボを使っても治療は出来ますが、加えて、それぞれの原因に対応するツボを使うとより効果的な治療となります。

この本では、それぞれの季節の特徴にあったマッサージ法（季節の初めに書いてある「おすすめマッサージ」）と、その季節に起こりやすい症状に対応するマッサージを紹介しています。まずは季節のおすすめマッサージを行い、よく起こる症状や予防したい症状があればプラスして行うと良いでしょう。

それぞれの季節の特徴

季節によって、温度や湿度、環境の変化もあり、猫に起こる症状にはそれぞれ特徴があります。外（環境）からやってくる身体に悪い影響をもたらす因子を、東洋医学では「外邪（がいじゃ）」といいます。外邪は口、鼻や皮膚などを通して体内に侵入し、病気を引き起こす原因になります。

それらは季節によって違っています。たとえば

春…風にあたるなど、急激な温度の変化によりもたらされる→「風邪（ふうじゃ）」

梅雨…湿気が多いことで侵入してくる→「湿邪（しつじゃ）」

夏…暑さによって身体のバランスをくずす原因となる→「熱邪（ねつじゃ）」

秋…乾燥した空気によって身体の水分をうばっていく→「燥邪（そうじゃ）」

冬…寒さにより身体の冷えを起こす→「寒邪（かんじゃ）」

など色々な外邪があります。

体調不良の原因が季節によって違ってくるのです。

春は、日照時間が長くなり、猫にとって発情期でもあり、そわそわする季節です。

また特に家から出ない飼い猫にとって、飼い主さん達の環境の変化などで、生活リズムが崩れ、ストレスを感じやすく、疲れやすい季節でもあります。

人もそうですが、猫も花粉や舞ったほこりなどで目や鼻がぐしゅぐしゅするなどの症状が目立ちます。これは風にあたることや、体内

に風がはいって気の流れが乱れる「風邪（ふうじゃ）」によって起こりやすくなります。

春は風がよく吹き、花粉などを運んできたり、風邪が体内に入ることにより、身体の気の流れをみだし、頭部に気が上りやすいことで、目や鼻の症状が起こります。

さらに春は肝臓の機能が亢進したり、落ちやすいと言われています。肝は気血を全身に巡らす役割があり、肝の異常により「自律神経の乱れ」や、気血がのぼって「頭や首の異常」「イライラ、落ち着きがない」などが起こります。

また肝臓は目との関係が深いので、「目のトラブル」にも注意が必要です。

夏は、高温多湿の気候に身体がついていけなくなり、いわゆる夏バテが起こりやすい季節です。熱中症まではいかずとも、身体や耳が熱くなっていたり、呼吸が少し速かっ

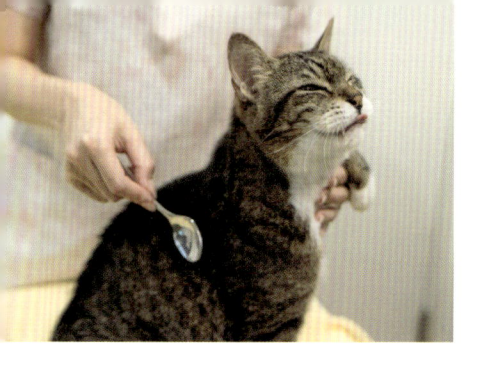

たり、食欲不振や吐いたり下痢をしたりと、特に消化器の症状が目立ちます。

猫は比較的暑さには強い動物ですが、長毛種や毛の密度が高い猫種は暑い環境だと身体の熱を逃がしにくく、「暑邪（しょじゃ）」の影響を受けやすく、こういった症状が起こりやすい傾向にあります。

さらに夏は心臓のエネルギーが過多になりやすいといわれており、「動悸」や「不眠、不安」などが起こりやすいです。

心臓は小腸との関係が深く、小腸の働きが落ちることにより水分の振り分けがうまくいかないことで起こる「便や尿のトラブル」にも注意が必要です。

㊙は比較的猫にとって過ごしやすい季節です。換毛期でもあるので毛玉などをよく吐く子もいます。秋は冬に備えて特に食欲がでて、食べ過ぎる猫もいますので、太らせすぎには要注意です。

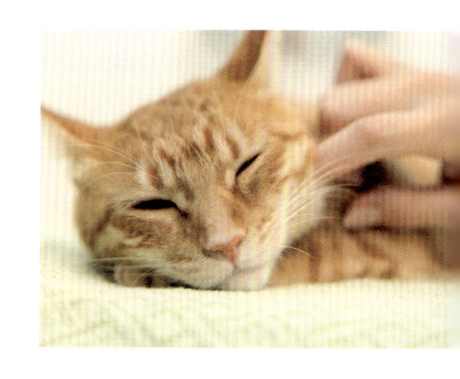

空気が乾燥しており「燥邪（そうじゃ）」によって身体の水分がうばわれることにより、身体の水分不足により、被毛や皮膚の乾燥、便に水分が行き渡らずコロコロの便になったり、便秘などが目立ちます。

さらに秋は気の巡りを統括している肺のはたらきが落ちやすいと言われています。肺は呼吸や身体の免疫を担っており、「咳」「鼻水」や「免疫力の低下」「元気がなくなる」などが起こりやすい症状です。

また肺は皮膚や被毛と関係が深く、「皮膚や毛のトラブル」にも注意が必要です。

㊙は寒さにより血流が悪くなり、身体の各部位が冷えることで様々な症状が出やすい季節です。「寒邪（かんじゃ）」により血流が悪くなった部位に痛みやしびれがでてきたり、お腹が痛くなって下痢になりやすかったりします。

寒くなり水をあまり飲まなくなることで、尿が濃縮して結石がでてきたり膀胱炎になったりと、猫では特におしっこのトラブルが多い季節です。

水分調節や成長などに関わる腎臓の働きが弱くなり「歯が抜けやすくなる」「腰痛などの運動器トラブル」「脳の異常」などが起こりやすいです。

また、腎臓は耳との関連も深く「耳のトラブル」にも注意が必要です。

季節とツボマッサージ

季節ごとの東洋医学的特徴と、マッサージ法やマッサージに使う部位、おすすめのツボの一覧です。

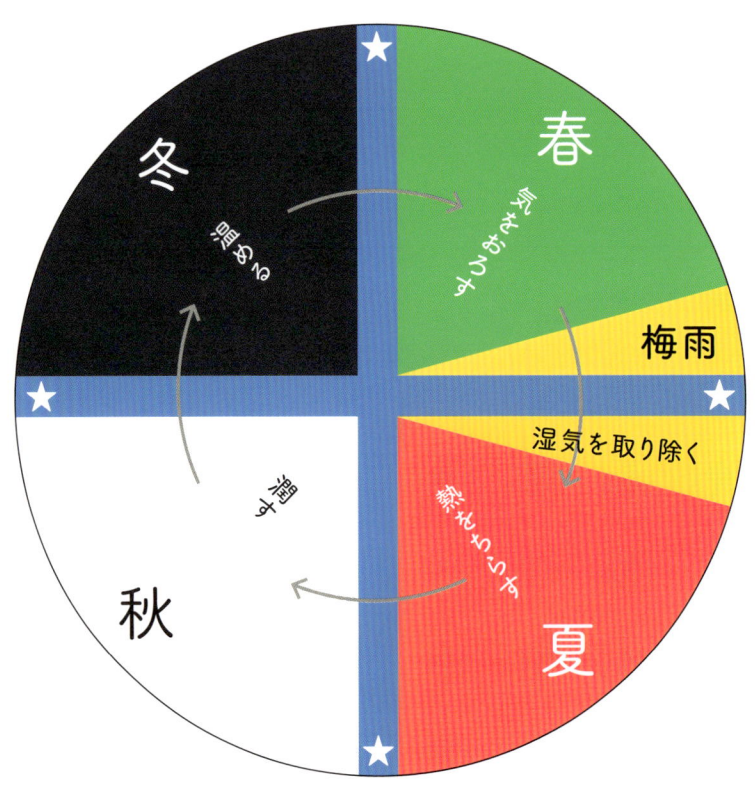

春
気をめぐらす

梅雨
湿気を取り除く

夏
熱をやわらす

冬
温める

秋
潤す

春 風邪（ふうじゃ）
P19〜31

顔まわりのトラブルに注意。

おすすめ
マッサージ法：なでる、押す
使う部位：指のはら、指の甲
ツボ：頭百会（あたまひゃくえ）、風池（ふうち）、太衝（たいしょう）

梅雨 湿邪（しつじゃ）
P82〜83

だるさや関節痛、胃腸（特に下痢）のトラブルに注意。

おすすめ
マッサージ法：つまむ
使う部位：指のはら
ツボ：豊隆（ほうりゅう）、巨闕（こけつ）、労宮（ろうきゅう）

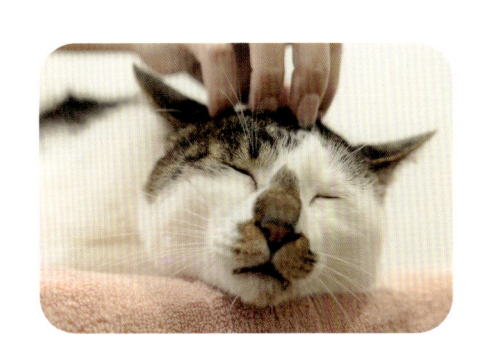

夏
<ruby>熱邪<rt>ねつじゃ</rt></ruby>＋<ruby>湿邪<rt>しつじゃ</rt></ruby>
P33～45

身体の炎症、食欲不振や便秘、
おしっこトラブルに注意。

おすすめ
マッサージ法：こちょこちょ、さする、つまむ
使う部位：指先、爪
ツボ：<ruby>曲垣<rt>きょくえん</rt></ruby>、<ruby>神門<rt>しんもん</rt></ruby>、<ruby>少衝<rt>しょうしょう</rt></ruby>

秋
<ruby>燥邪<rt>そうじゃ</rt></ruby>
P47～62

口、鼻、皮膚の乾燥、咳に注意。

おすすめ
マッサージ法：なでる、押す
使う部位：指のはら
ツボ：<ruby>肺愈<rt>はいゆ</rt></ruby>、<ruby>天突<rt>てんとつ</rt></ruby>、<ruby>太淵<rt>たいえん</rt></ruby>

冬
<ruby>寒邪<rt>かんじゃ</rt></ruby>
P63～81

四肢の冷え、痛みや
こわばりに注意。

おすすめ
マッサージ法：ゆらす、にぎって放す
使う部位：手のひら
ツボ：<ruby>腎愈<rt>じんゆ</rt></ruby>、<ruby>京門<rt>けいもん</rt></ruby>、<ruby>太谿<rt>たいけい</rt></ruby>

★
季節の
変わり目
P84～87

疲れやすさや胃腸の
トラブルに注意。

おすすめ
マッサージ法：もむ、なでる
使う部位：指のはら、手のひら
ツボ：<ruby>脾愈<rt>ひゆ</rt></ruby>、<ruby>章門<rt>しょうもん</rt></ruby>、<ruby>太白<rt>たいはく</rt></ruby>

註：おすすめのツボの位置は各季節の初めに記しています。

マッサージの前に

マッサージをするにあたって、大切なことは愛猫とコミュニケーションをとることです。
一方通行ではいけません。

当たり前のことですが、愛猫が気のりしない時に無理にマッサージをしたり、不適切なマッサージをすると、愛猫にとって嫌な記憶になってしまい、その一回の失敗でマッサージ自体をさせてくれなくなってしまいます。

そうならない為に、ここではマッサージの前に知っておくことや、事前の準備などを記していきます。

マッサージをする際の注意点・禁忌

基本的にマッサージは安全性が高いものなので、どんな子にでも出来ますが、いくつか注意点があります。

・出血していたり、外傷があったり、痛みが強い場所はマッサージ NG。

・皮膚に異常があったり、感覚が鋭くなっているところは、優しめのマッサージを行う。

・体力が落ちている時や妊娠中は「なでる」や「さする」などの優しいマッサージで。

・持病があり、病院へ通院している子は、必ず獣医師に確認してから行う。

☆重要…何をするのでも、必ず声をかけながら、愛猫からのアイコンタクトやサインをよく観察しながら行うこと。

マッサージをした際の好転反応

マッサージをするとデトックス効果があり、様々な反応が現れます。

以下の反応がマッサージ時にみられたら、特に効いている証拠です。

・マッサージ中に現れる反応…「涙や鼻水がでてくる」「咳やゲップ、オナラがでる」「お腹の音が鳴る」「身体が温かくなってくる」など

・マッサージ後に現れる反応…「おしっこやうんちがでる」「水を良く飲む」「毛玉を吐く」「ぐっすり眠る」など

効いてる…

マッサージをする時のポイント・コツ

・触ると愛猫が喜ぶ場所を見つける

　→好きな場所を触ることをマッサージ開始の合図にする。

・ツボを気にしない

ツボは身体に 300 以上あります。ここに載っていないツボや筋肉、内臓など症状に合わせて色々刺激できるようにマッサージ法を書いてます。

紹介するツボはあくまで目安です。ピンポイントで押さなくても効果がでるようなマッサージ法です。あまり細かくツボや触り方にはこだわらず、愛猫が好きそうな感じにどんどんアレンジしてマッサージしてあげてください。愛猫もリラックスしやすいです。

・手足やお腹は苦手な子が多いので、顔まわりや背中部分のマッサージから行う。

・マッサージ中にもぞもぞしたり、他の場所とは違う反応があったところは特に施術ポイントです。

・ポイントが見つかったら、その周囲から優しく触って、皮膚を動かしていく。

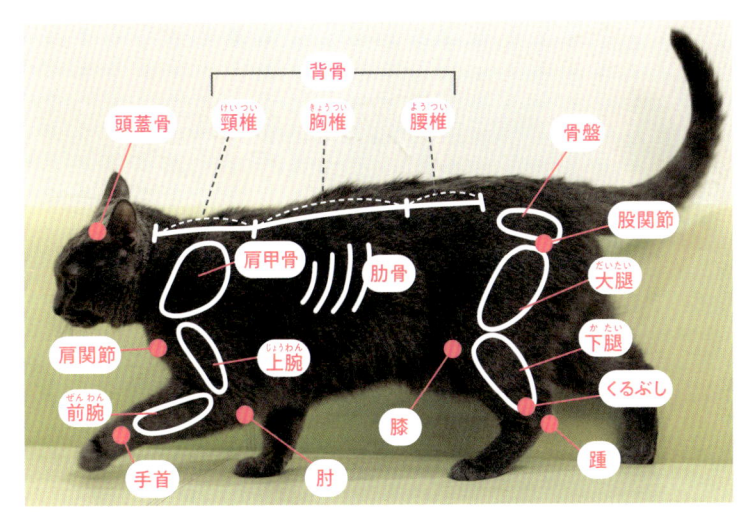

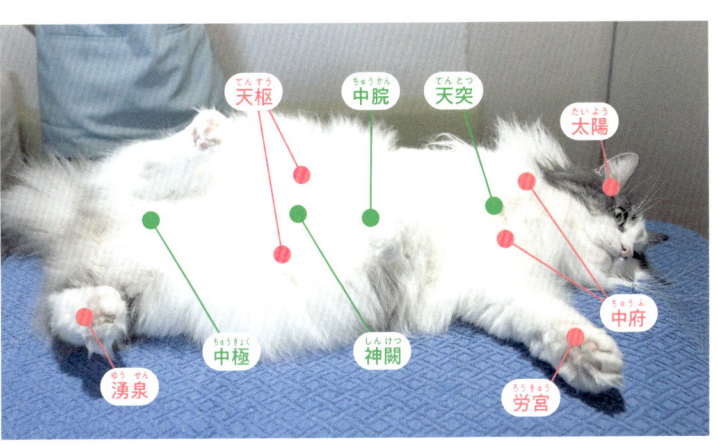

※背中やお腹の中心線にあるツボは1つ（●のツボ印）、それ以外は左右1つずつあるのが基本です。

11

マッサージ法

なでる、さする

皮膚表面に優しく圧をかけて手を動かす。マッサージする場所により、指1本から、指の関節部、手のひら全部や爪側を使ったり色々応用できる。全季節で1番よく使う手法。

`場所` 全身

おす

1～2本の指で、指のはらを使って行う。最初の3秒で力を少しずついれて、3秒キープしてはなす。色々応用が利くので、全季節でよく使う手法。

`場所` 全身、ツボがある場所

つまむ、伸ばす、ねじる

皮膚をつまんで伸ばす、その後場所により優しくねじってもOK。皮膚が伸びる場所を指3～5本を使って出来るだけ根本からつまむ。リラックスを促したり、リンパや血液の流れが良くなったりするので、全季節でおすすめ。

`場所` 顔まわり、首、背中など皮膚が伸びやすい場所

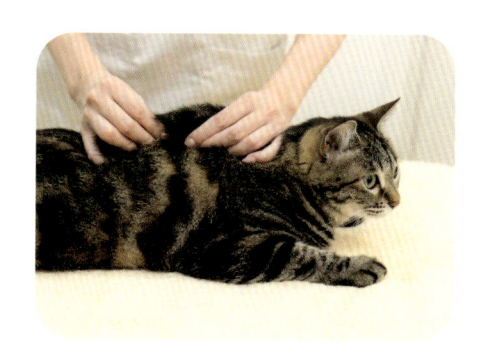

こちょこちょ

指先を使い、優しくこちょこちょする。マッサージの始めや、触られるのに慣れていない子にも使える。たまった熱を発散させるのに効果的。軽めで素早い動作なので、特に暑い「夏」におすすめ。

`場所` 頭周辺、尻尾付け根、ツボがある場所の周辺

もむ

筋肉の弾力を感じながら、特に硬さを感じるところで行う。親指と他の指でもむ。張っている筋肉やツボをしっかりほぐせるので、調子が悪くなりやすい「季節の変わり目」におすすめ。

場所 全身、筋肉やツボがある場所

ゆらす

関節周りの筋肉を緩めるように、骨を感じてゆっくり行う。片方の手で根本を支えて、もう片方の手で前後左右に揺らしていく。身体の中心を整えたり、硬い筋肉をほぐしたりできるので、特に「冬」におすすめ。

場所 背骨、手足の関節など

にぎってはなす、つまんではなす

特に冷えを感じるところで体幹部から先端に向かって行う。手のひら、指のはらで覆って3秒にぎってパッとはなす。血流がアップするので、特に寒い「冬」におすすめ。

場所 耳、手足、尻尾など

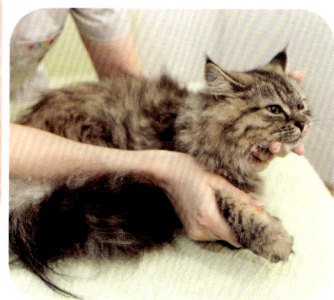

たたく

手を少し丸くして空気を含みながら優しく行う。マッサージ後によく行う。

場所 頭、お腹や背中、広い部位、尾の付け根など

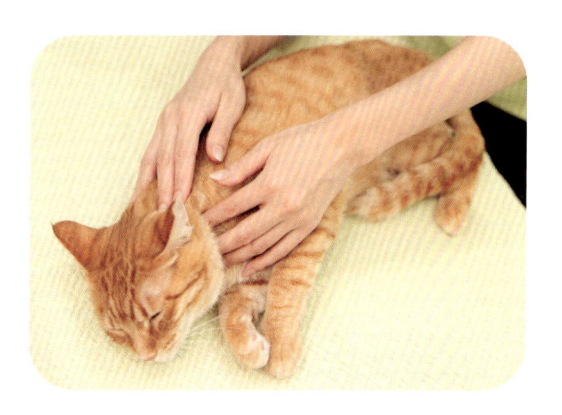

ウォーミングアップ

環境

愛猫がゆったりくつろいでいる時や、愛猫が自分から甘えてきた時、暇そうにしている時などがマッサージのタイミングです。

毎日のルーティンにして、「このタイミングで行う」というのを決めるのも良いでしょう。

マッサージ前の準備として、手を温めたり、深呼吸をして落ち着いてから、優しく声をかけながら始めましょう。

時間

1日大体3 ～ 10分くらいを1～3回。

季節に応じたマッサージを、1ステップ各3～10回繰り返します。

初めはごく短い時間で行い、慣れていない子にはウォーミングアップで、触られるのが好きな場所を見つけるところから始めましょう。

慣れてきたら、ウォーミングアップ1 ～ 2分、季節のマッサージ時間や回数を適宜増やしてOK。

マッサージ前の合図（重要!）

急にマッサージを始められたら愛猫達もびっくりします。いつも触られている場所でも飼い主さんの「よし、マッサージしてあげよう！！」という雰囲気に、「なに！？」と不安や戸惑いを感じるでしょう。

猫達は意外と顔に出るので、時々顔を確認しながらマッサージをしていきましょう（じっとは見ないように）。こちらが確認しなくても愛猫のほうから確認してくることもあるかと思います。

愛猫に「これからマッサージ始めるよ」の声がけや合図は必ず送ります。

毎回やっているとだんだん「気持ちいいことしてもらえる」とわかって、合図だけでリラックスできるようになります。

不気嫌です

マッサージするよ～

（おけ）OK!

1. 体全体を優しくなで、今日はどこをやって欲しそうか感じとります。

2. 愛猫の体調に応じて、マッサージしたい部位を触ってみます。

そこ好きです

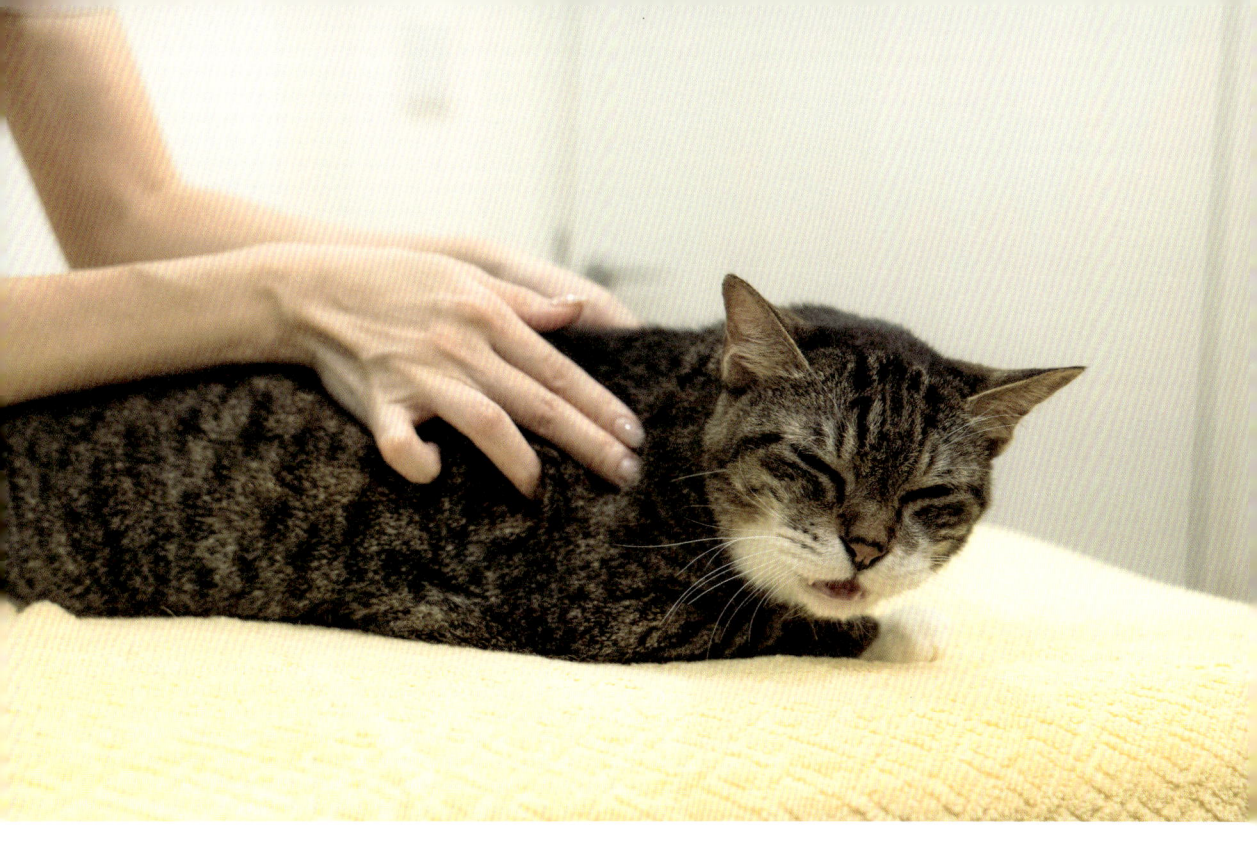

力の入れ方、強さ

1. マッサージしたい部位に「中くらい」かな？　と思う力を入れて指を置く。

➡ ここで嫌がったらちょっと力が強めかもしれません……。

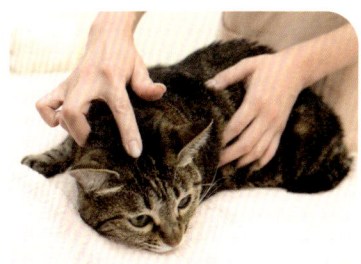

2. そのまま指を浮かさず、 動きやすい方に皮膚を引っ張る感覚で、指を動かす（場所によって動く距離は違います）。

➡ 皮膚を引っ張る感覚がつかめなかったらちょっと力が弱めかもしれません……。

3. 指は浮かさず、力をゆっくり抜く。

➡ この時、もとの場所に指がもどれば「中くらい」の力加減です。

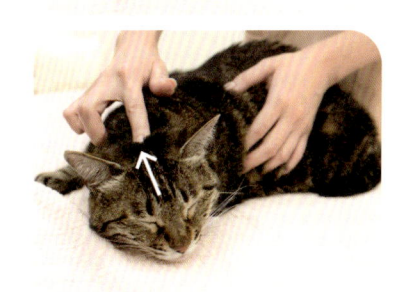

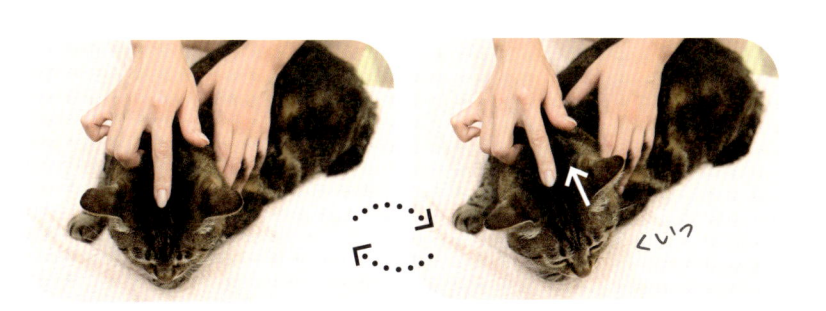

くいっ

リンパを流す

運動不足、冷え、ストレスなど様々な原因でリンパは滞ります。

毎日リンパを流すことで、体内の老廃物等を排出して、疲労回復や免疫力アップをはかります。

体表から触れる各リンパ節を優しくほぐしながら、リンパ節が腫れていないかにも気をつけながら行なってください。

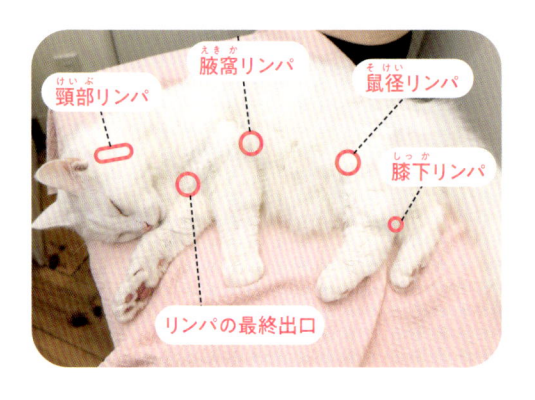

頸部リンパ
腋窩リンパ
鼠径リンパ
膝下リンパ
リンパの最終出口

① リンパの最終出口をひらく
（リンパを流す際は必ず最初に行なう）

左の肩甲骨の前縁を優しくさすります。

声がけも
アイコンタクトも
しっかりね♪

② 左右の頸部リンパ節を流す

耳の付け根から顎下をくるくるしながら肩甲骨の前縁に向かって優しくさすります。

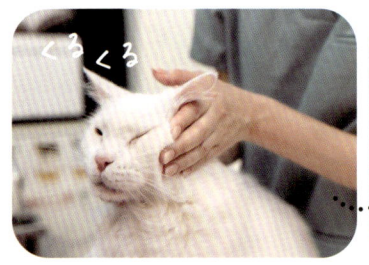 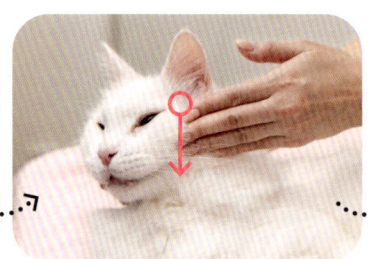 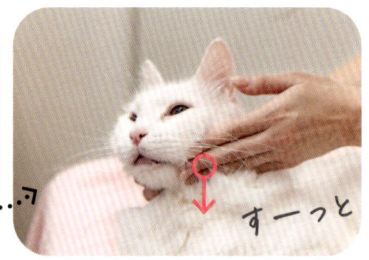

くるくる

すーっと

③ 左右の腋窩リンパ節をもむ

前あしの付け根、脇の辺りを軽くもみます。

よき♥

もみもみ

④ 左右の鼠径リンパ節を流す

後ろあしの付け根の内側を指の腹で優しくくるくるさすります。

⑤ 左右の膝下リンパ節を優しくもむ

膝の後ろを三本指でつまんでもみます。

やさしくね

Spring 春

2月〜5月

身体のバランスを整え、顔まわりのトラブルを改善する

起こりやすい症状、行動（ 🐄 身体の不調／😿 行動の変化 ）

- 🐄 鼻水、鼻づまり→P22
- 🐄 目の充血、目の乾燥、目のかゆみ→P24
- 🐄 てんかん発作(原因がわからないけいれん)→P26
- 🐄 脱毛(かゆみや赤み少ないもの)→P28
- 😿 落ち着きがなくなる、スプレー行動、夜鳴き、攻撃的になる→P30

使用するツボ

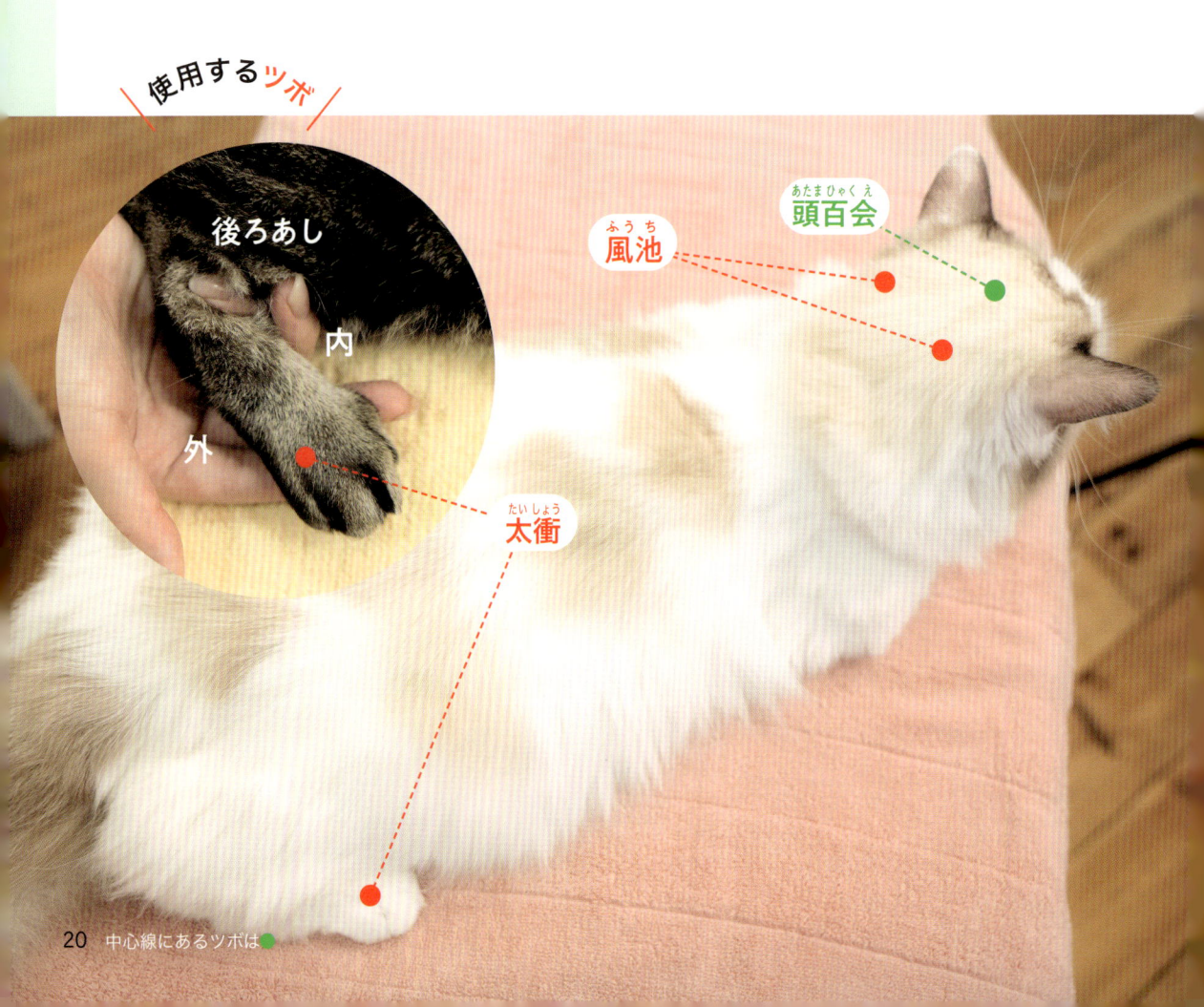

後ろあし
内
外

あたまひゃくえ
頭百会

ふうち
風池

たいしょう
太衝

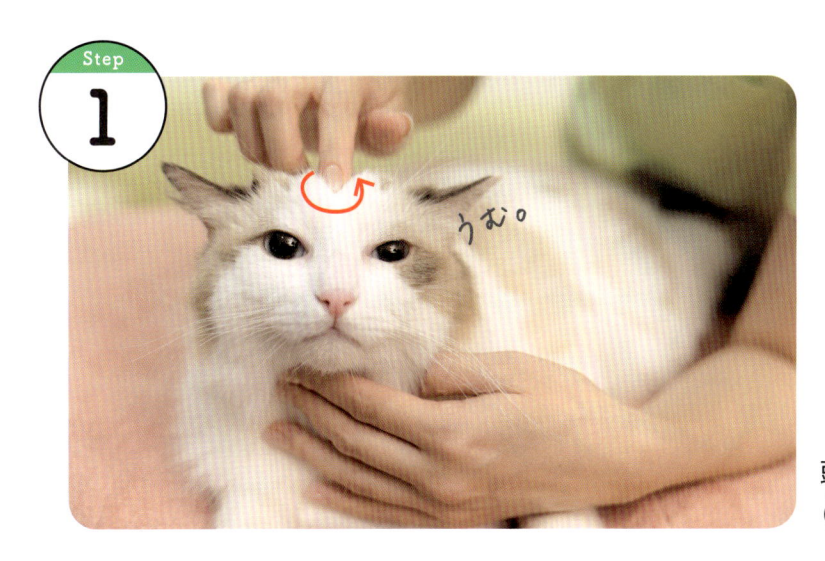

Step 1

うむ。

頭のてっぺんをくるくる
(頭百会)。

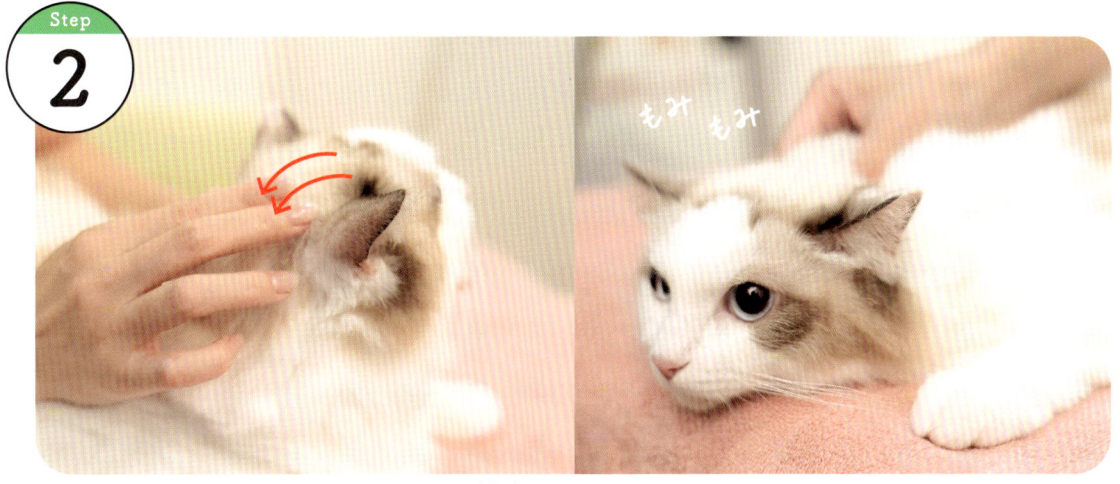

Step 2

もみ もみ

頭から首をさする→首後ろをもみもみ(風池)。

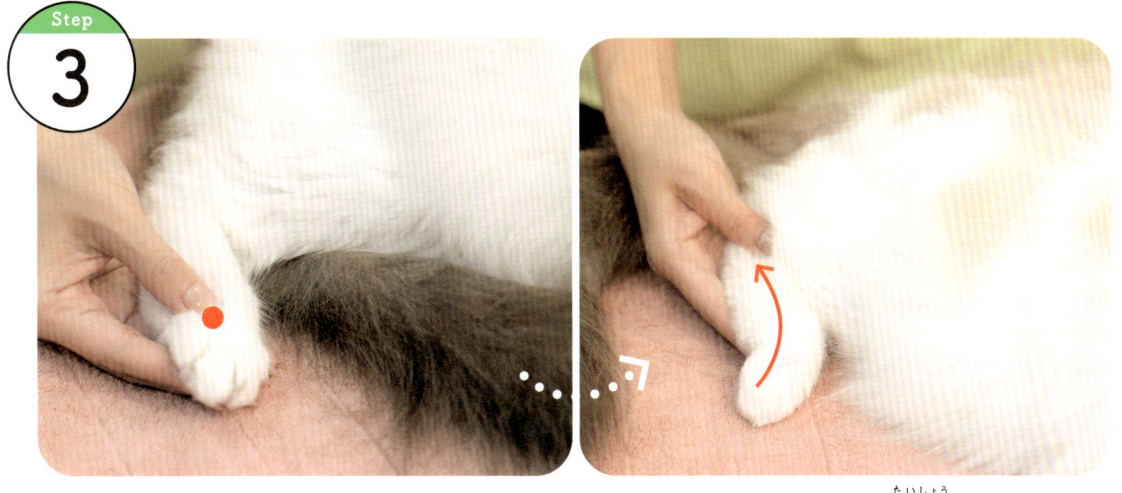

Step 3

後ろあしの1番外側の指と2番目の指の間を、外くるぶしあたりまでさする(太衝)。

鼻水、鼻づまり

春は気温の寒暖差や気圧の変動で自律神経が乱れ、頭部に血が集まって、鼻の粘膜の充血が起こり、さらに花粉なども作用して、鼻水や鼻づまりが起こります。

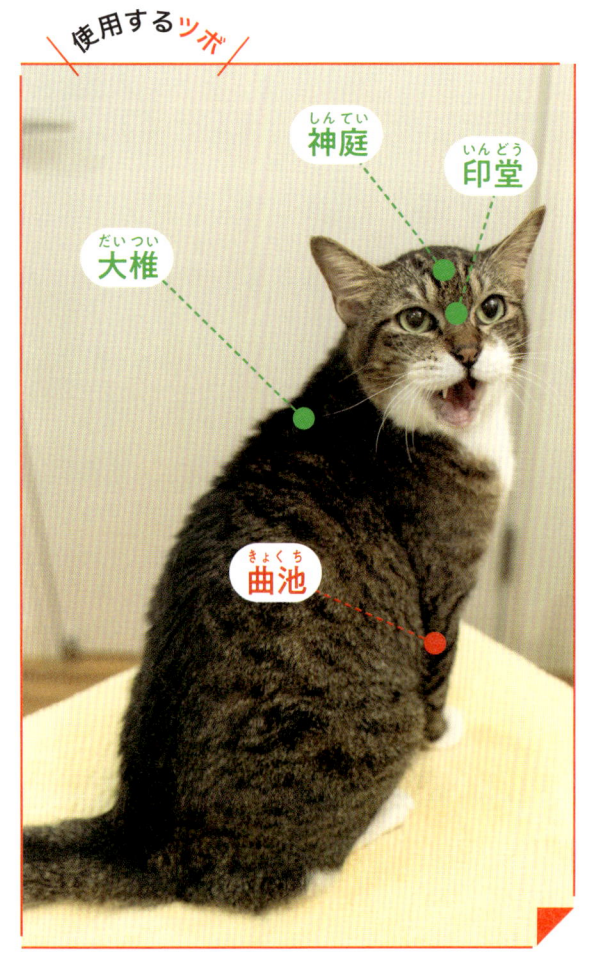

使用するツボ

神庭（しんてい）
印堂（いんどう）
大椎（だいつい）
曲池（きょくち）

中心線にあるツボは●

Step 1

ほかほか

このへん あっためると

鼻がすっと通るのです

肩甲骨の間を温める（大椎（だいつい））。

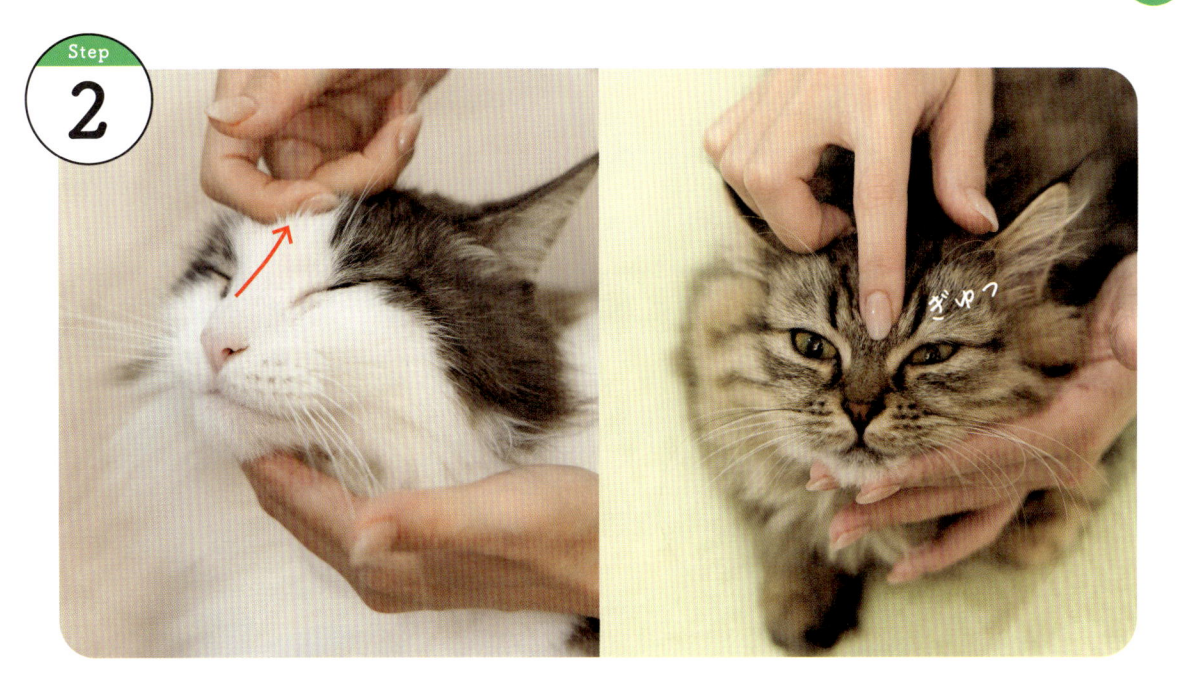

Step 2

鼻の頭から眉間にかけてなでる。　目と目の間から眉間の上あたりは指先でゆっくり圧をかけて押していく(印堂、神庭)。

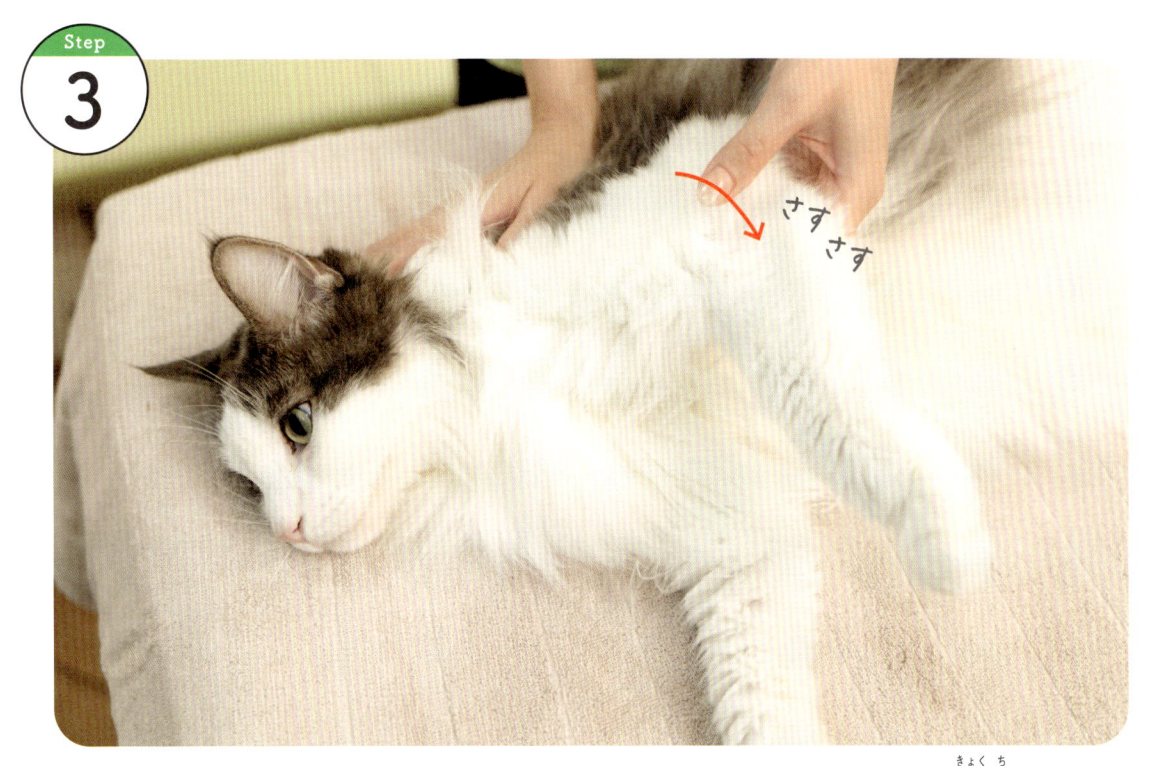

Step 3

前あしの肘まわりを優しく握って、親指もしくは人差し指で肘の外側をさする(曲池)。

目の充血、目の乾燥、目のかゆみ

春の気温の寒暖差や気圧の変動により、自律神経が乱れ、頭部に血が集まり、
さらに花粉なども作用して、目の充血などが起こります。
また春に亢進しやすい「肝」と「目」は東洋医学的にも関係が深いです。

使用するツボ

攢竹（さんちく）　合谷（ごうこく）　承泣（しょうきゅう）

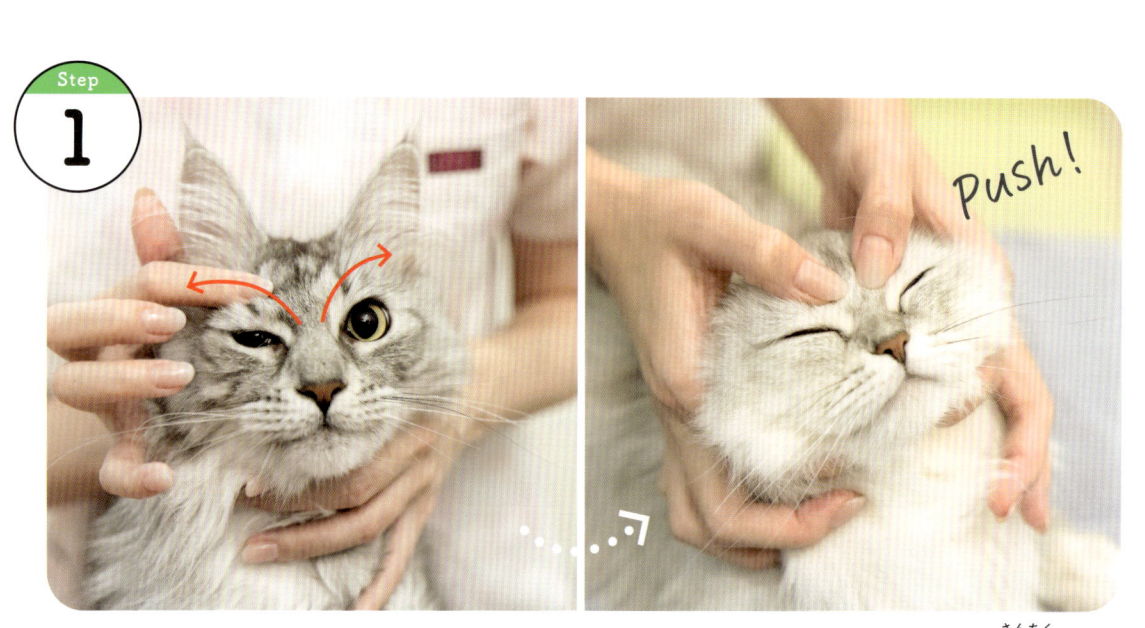

Step 1

Push!

目の上を内側から外側に、骨に沿ってさする。→目の内側を指のはらで優しく押す（攢竹）。

Step 2

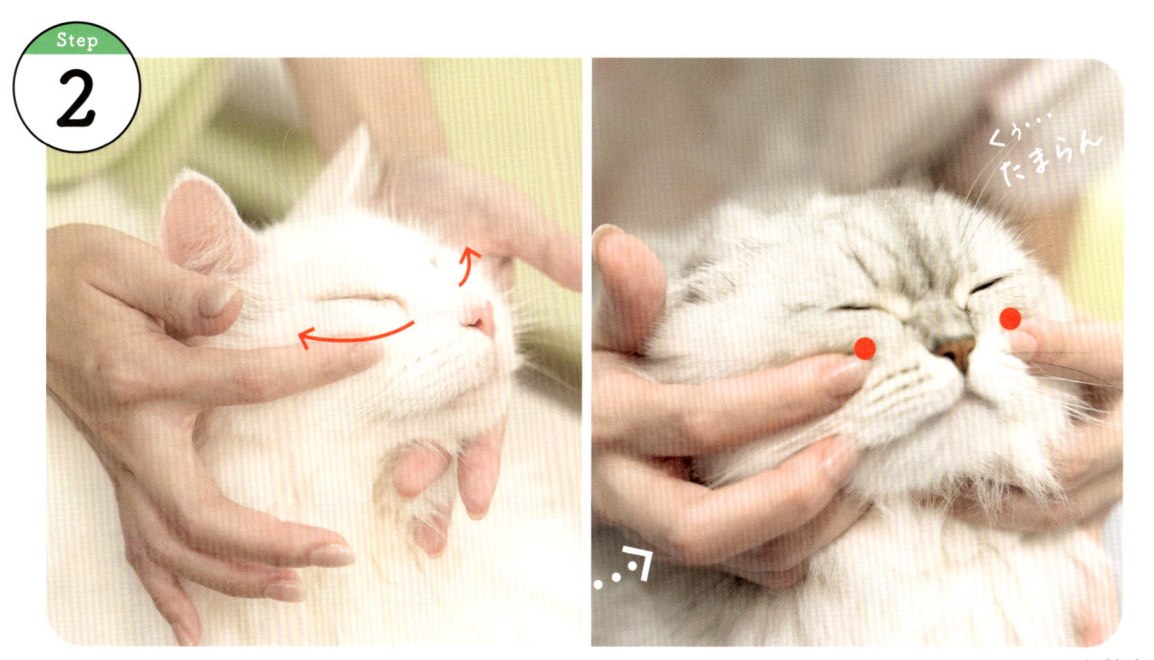

目の下を内側から外側に、骨に沿ってさする。→目の真下の骨の際を指のはらで下側に押す(承泣)。

Step 3

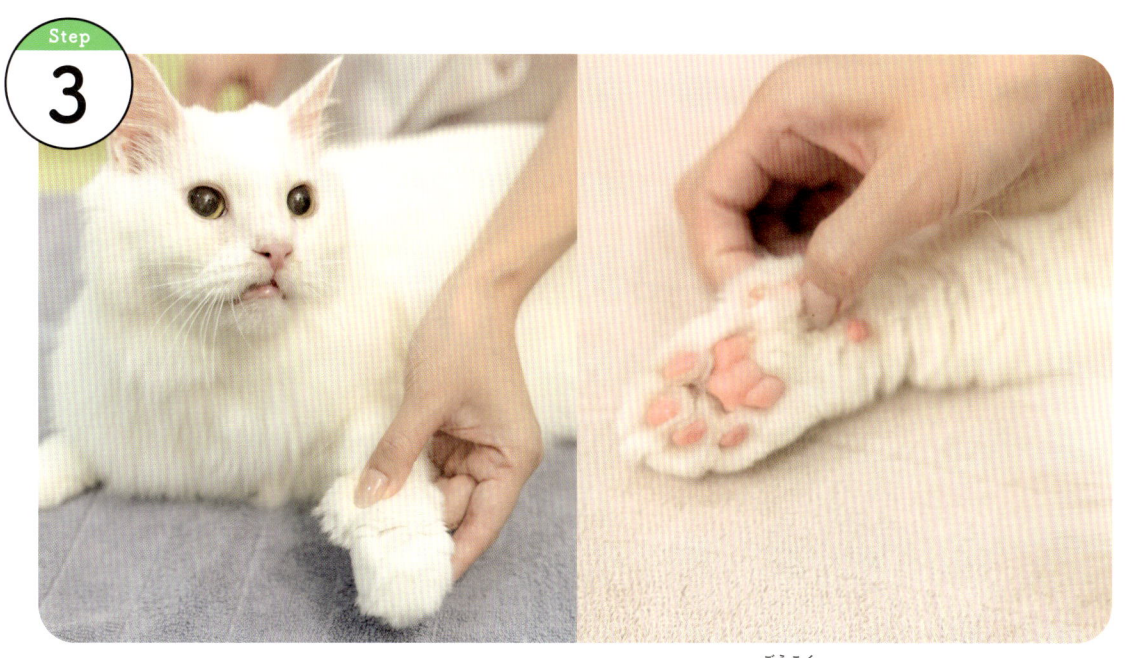

前あしの1番内側(他の指より体に近い指)の水かきをもみもみ(合谷)。

てんかん発作、
原因がわからない けいれんなど

春の寒暖差や生活の変化などのストレスで、気が巡りづらくなっているところに、
暖かな春の気候や気圧の変化により、気が頭に上って発作が起こりやすくなります。

使用するツボ

太陽（たいよう）

内関（ないかん）

頭百会（あたまひゃくえ）

翳風（えいふう）

中心線にあるツボは●

Step 1

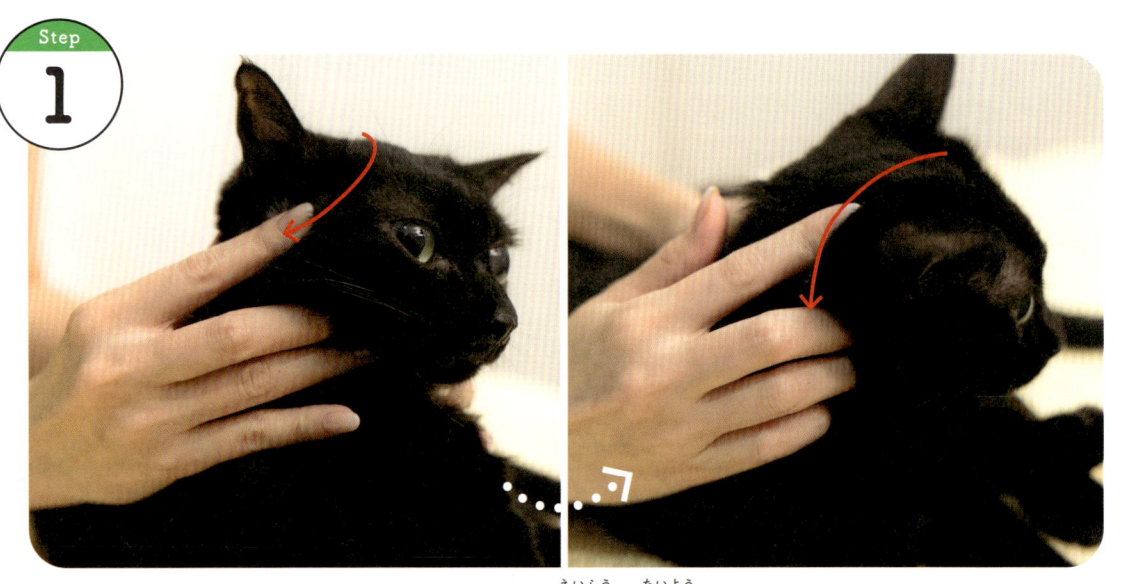

頭の中央から、耳の前と後ろをゆっくりさする（翳風、太陽）。

Step
2

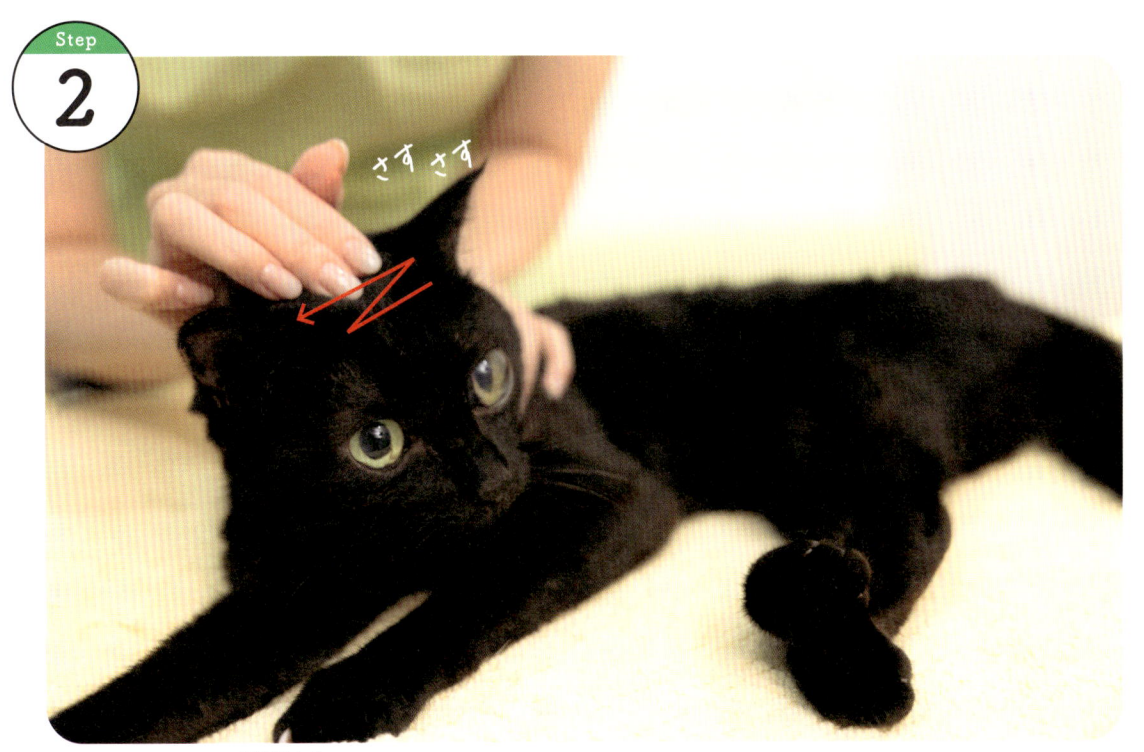

さすさす

頭頂部をさする（頭 百会）。

Step
3

くるくる

前あしの内側を肘より手先に向かって、くるくるする（内関）。

脱毛（かゆみや赤みが少ないもの）

春は換毛期でもあり、生活や気温の変化のストレスにより
過剰に脱毛が起こることがあります。歯ブラシを使うと効果的です。

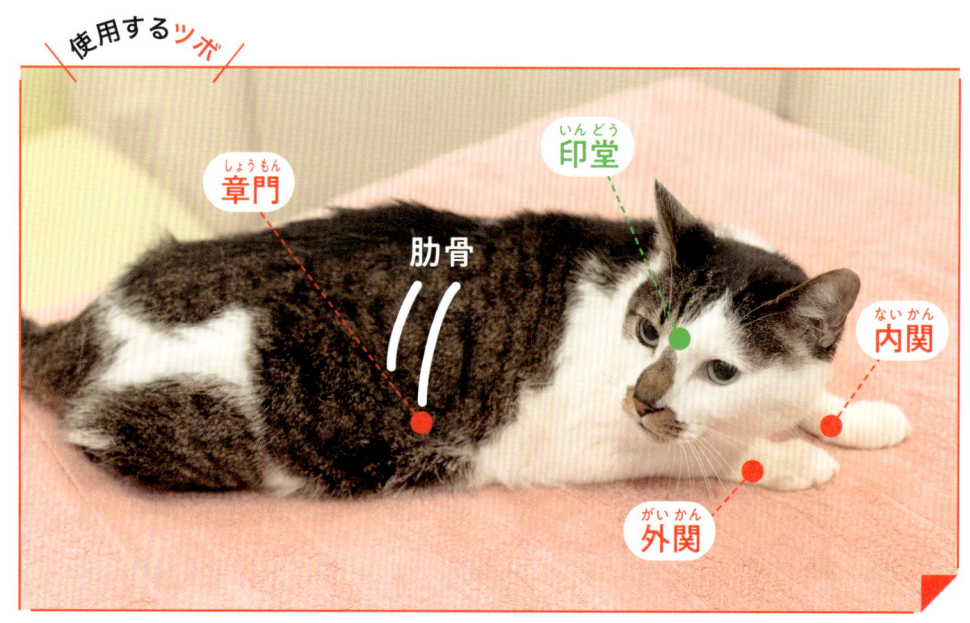

使用するツボ

章門（しょうもん）
印堂（いんどう）
肋骨
内関（ないかん）
外関（がいかん）

中心線にあるツボは●

Step 1

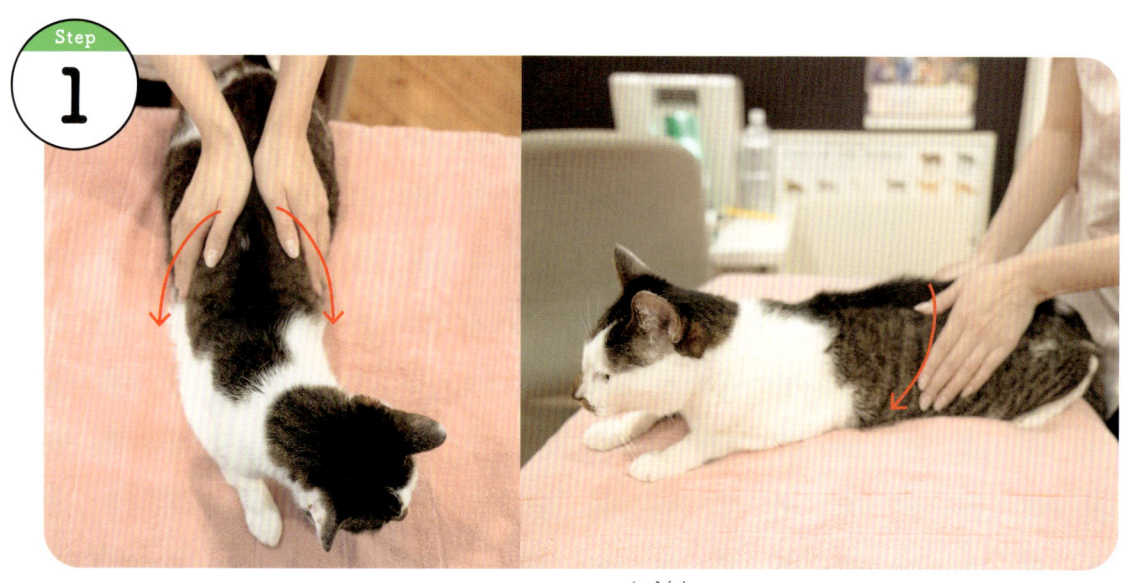

身体の側面に手のひらをあてて、上から下にさする（章門<ruby>しょうもん</ruby>）。

Step
2

こちょ
こちょ

たまらん♥

眉間から頭のてっぺんにむかって、人差し指でくるくる（印堂）。

ハブラシでこちょこちょ。

Step
3

むむっ!?

とん
とん

背中の皮膚をつまみ上げる。部分的な脱毛があれば特にその周辺を重点的に。

ハブラシでとんとん。

Step
4

前あしの肘から手首まで、手のひらや指のはらでつまんでもみもみ（内関、外関）。

落ち着きがなくなる、スプレー行動、夜鳴き、攻撃的になる

春は発情シーズンなので、そわそわやイライラ、スプレー行動などが
起こりやすい季節です。

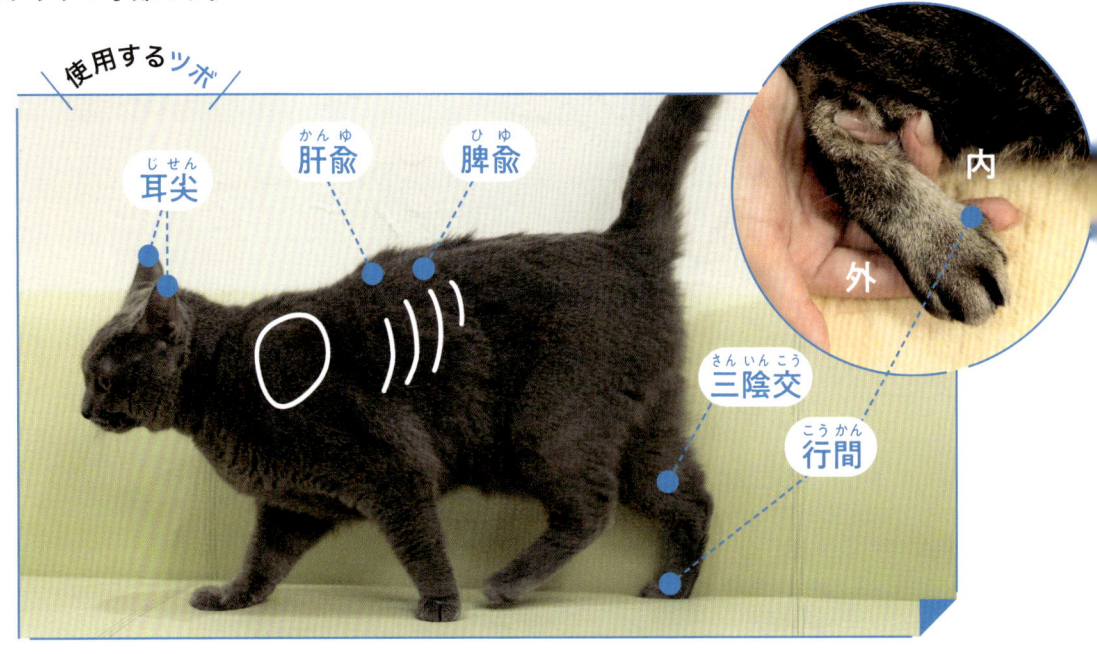

使用するツボ

耳尖（じせん）
肝兪（かんゆ）
脾兪（ひゆ）
三陰交（さんいんこう）
行間（こうかん）
内
外

Step 1

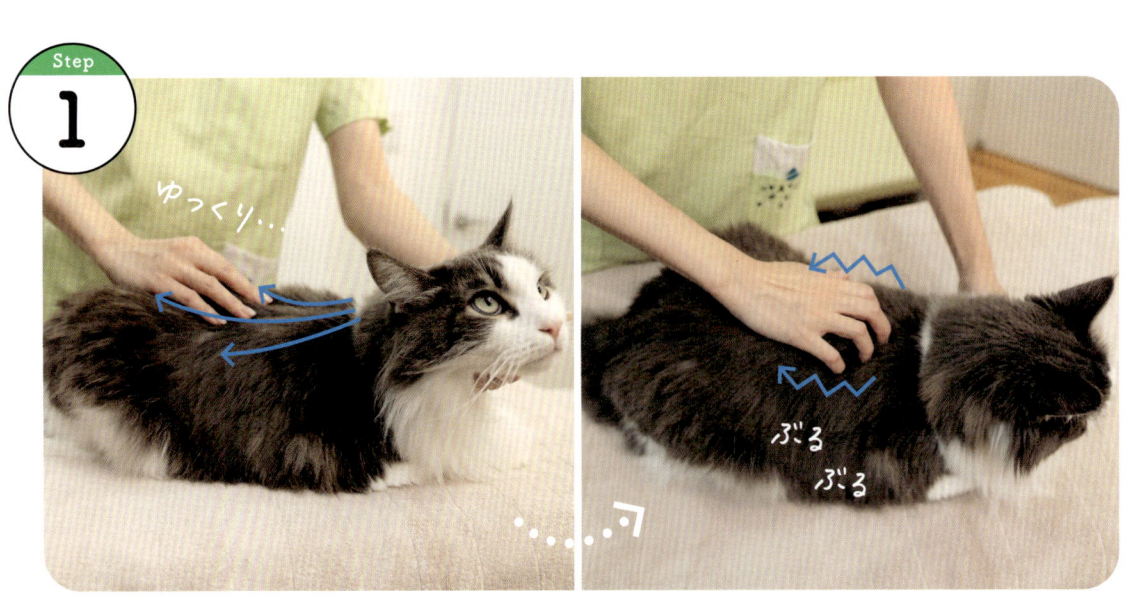

ゆっくり…

ぶる
ぶる

肩甲骨の後ろから背骨の左右を毛並みに沿ってゆっくり流す。　中心に中指、背骨の左右に人
差し指、薬指をおく。　出来そうだったら爪を立てる感じで刺激する（肝兪（かんゆ）、脾兪（ひゆ））。

Step
2

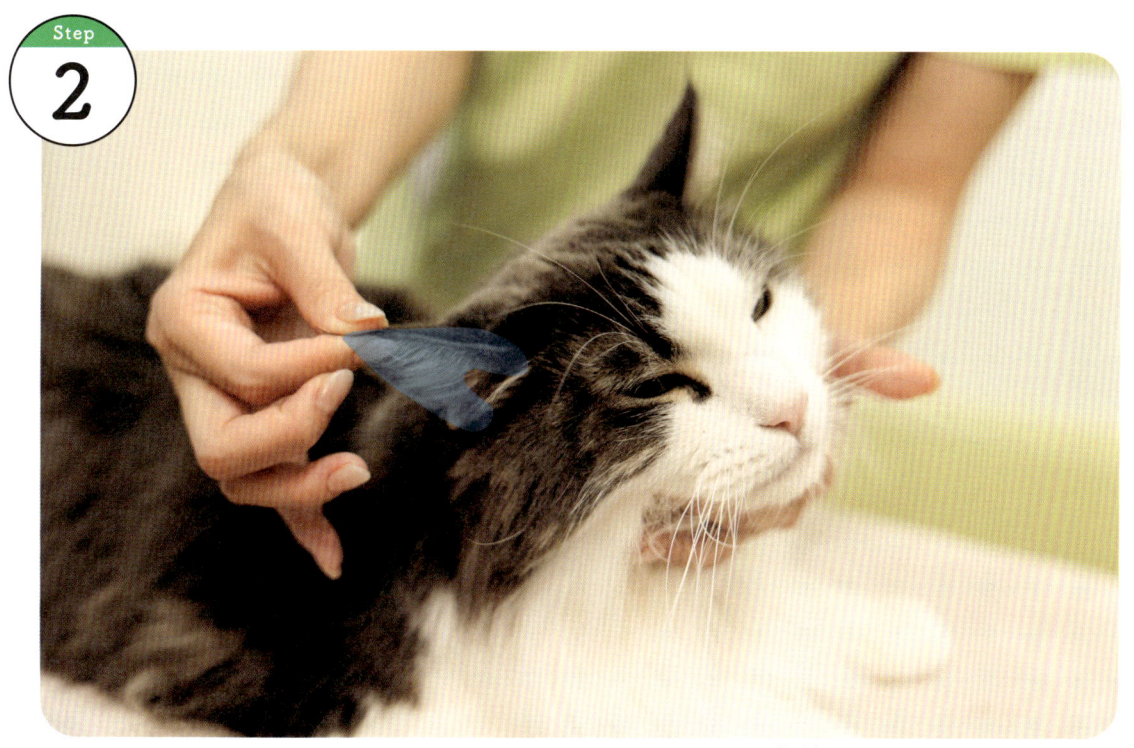

耳の付け根から耳先にかけてつまむ。特に耳の先端重点的に（耳尖）。

Step
3

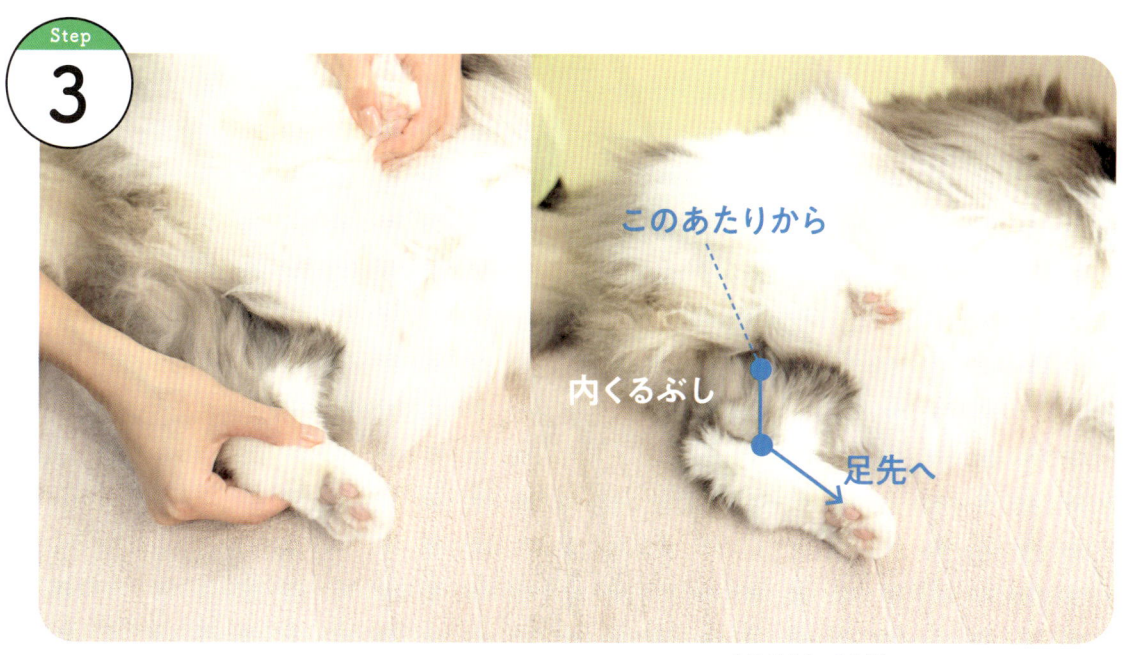

このあたりから

内くるぶし

足先へ

後ろあしの内側、内くるぶしの上から足先に向かってなでる（三陰交、行間）。

季節の変わり目

季節の変わり目は、冬から春の3〜4月、春から夏の6〜7月、夏から秋冬の9〜11月など季節が変わる時の気温差が急に大きくなる時期のことを言います。

気温や気圧の差が激しい為に自律神経のバランスが崩れやすく、調子が悪くなりやすい時期です。

胃腸関係の不調が多く、下痢や便秘などお腹の調子が悪くなったり、嘔吐や食欲不振などが起こったり、何となく体調不良な子が多くなります。

その中でも特に症状が出やすいのは「発散する夏」から「溜める秋」へと真逆の変化が起こる「夏→秋」の時期です。

季節の変わり目は次の季節の準備を行う時期とされ、疲れやすく、前の季節の特徴が出やすいので（春の初めなら冬の特徴が出やすい）、この時期に不調が出た時には、前の季節のマッサージを行うと効果的なこともあります。

例えば、春の初めの季節の変わり目に下痢など胃腸の症状が出たら、冬のマッサージを行うのがおすすめです。

Summer 夏

5月〜8月

を健康にすごす おすすめマッサージ

過度に働きやすい心臓を落ち着けて、機能が落ちやすい小腸の働きを助ける

起こりやすい症状、行動 （🐄身体の不調／😿 行動の変化 ）

🐄 下痢、軟便ですっきりでない、便秘→P36

🐄 口臭、口内炎→P38

🐄 血尿、頻尿、膀胱炎→P40

🐄 皮膚の湿疹、かゆみ、赤み、外耳炎→P42

😿 毛繕いが増える、息があらい、興奮しやすい→P44

使用するツボ

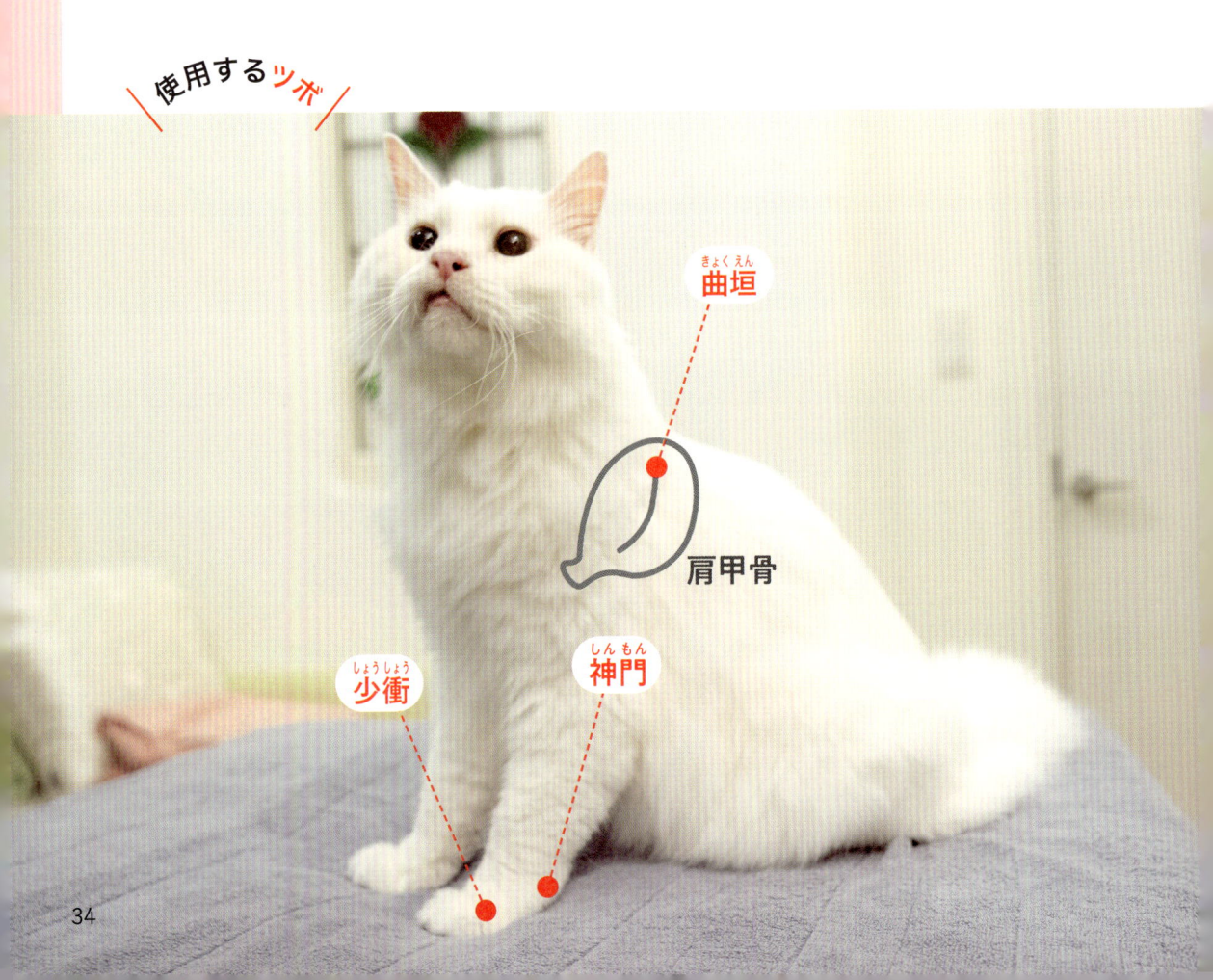

曲垣（きょくえん）

肩甲骨

少衝（しょうしょう）

神門（しんもん）

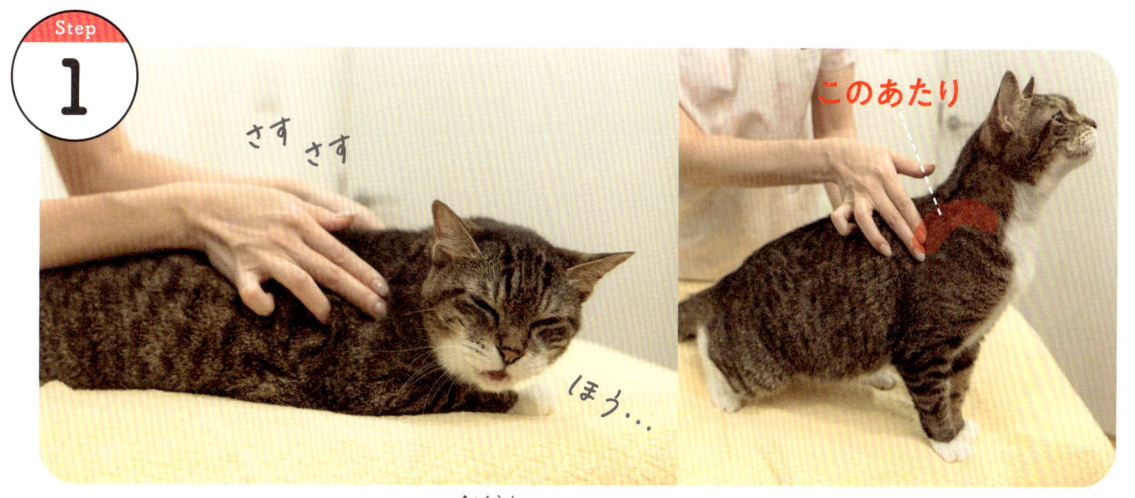

Step 1

さす さす

このあたり

ほろ...

肩甲骨の前と後を指2、3本でさする（曲垣（きょくえん））。

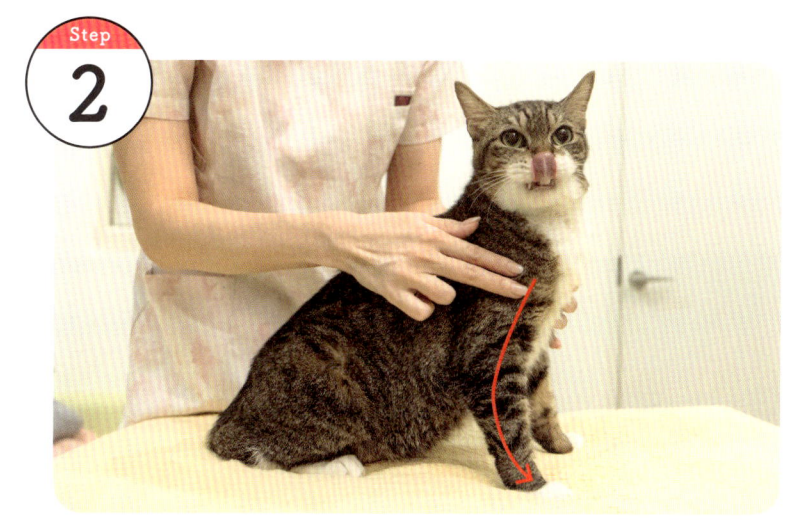

Step 2

前あしの外側を毛並みにそってなでる（神門（しんもん））。

Step 3

つめ...

このあたり

前あしの小指の爪を出すようにして先（1番外側の爪と根本の間）をもみもみ（少衝（しょうしょう））。

下痢、軟便ですっきりでない、便秘

夏の湿気の多さにより身体の水の巡りが悪くなり、夏の暑さとクーラーの寒さなど、気温の変化が多いと自律神経が乱れ消化器の症状が起こりやすくなります。

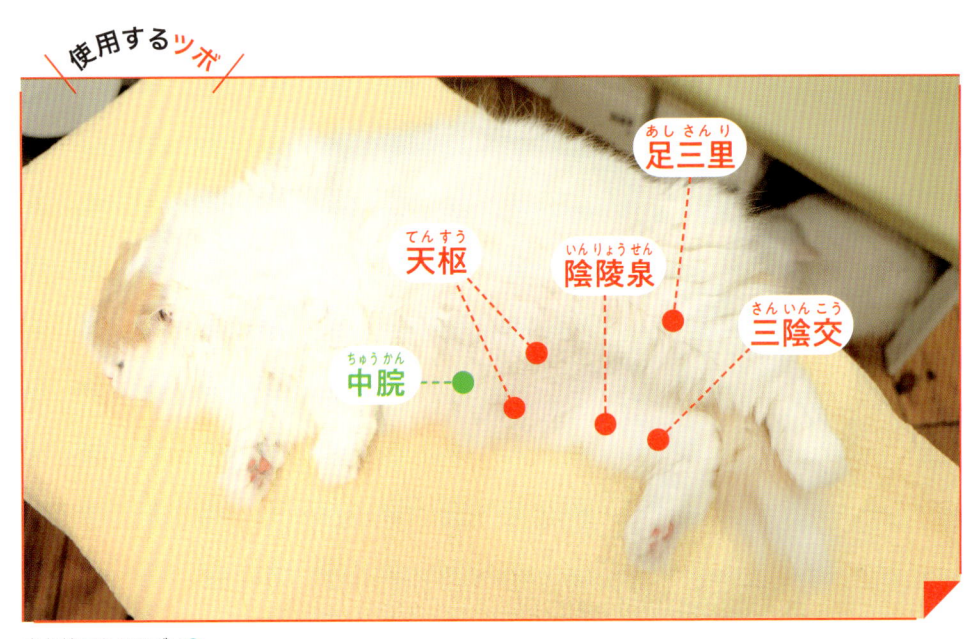

使用する**ツボ**

足三里（あし さん り）

天枢（てん すう）

陰陵泉（いん りょう せん）

三陰交（さん いん こう）

中脘（ちゅう かん）

中心線にあるツボは●

Step 1

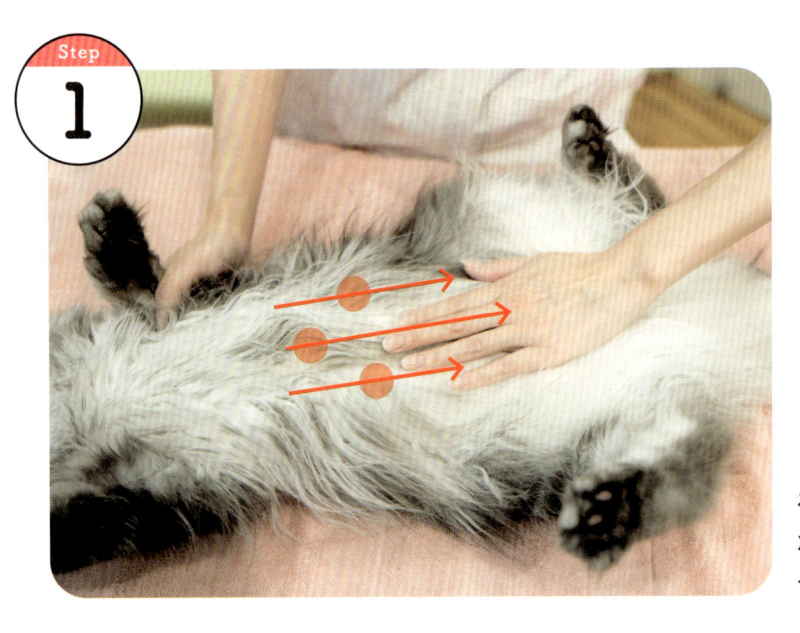

お腹の中心と左右を、頭側からお尻側へ指のはらを使ってさすっていく（天枢、中脘）。

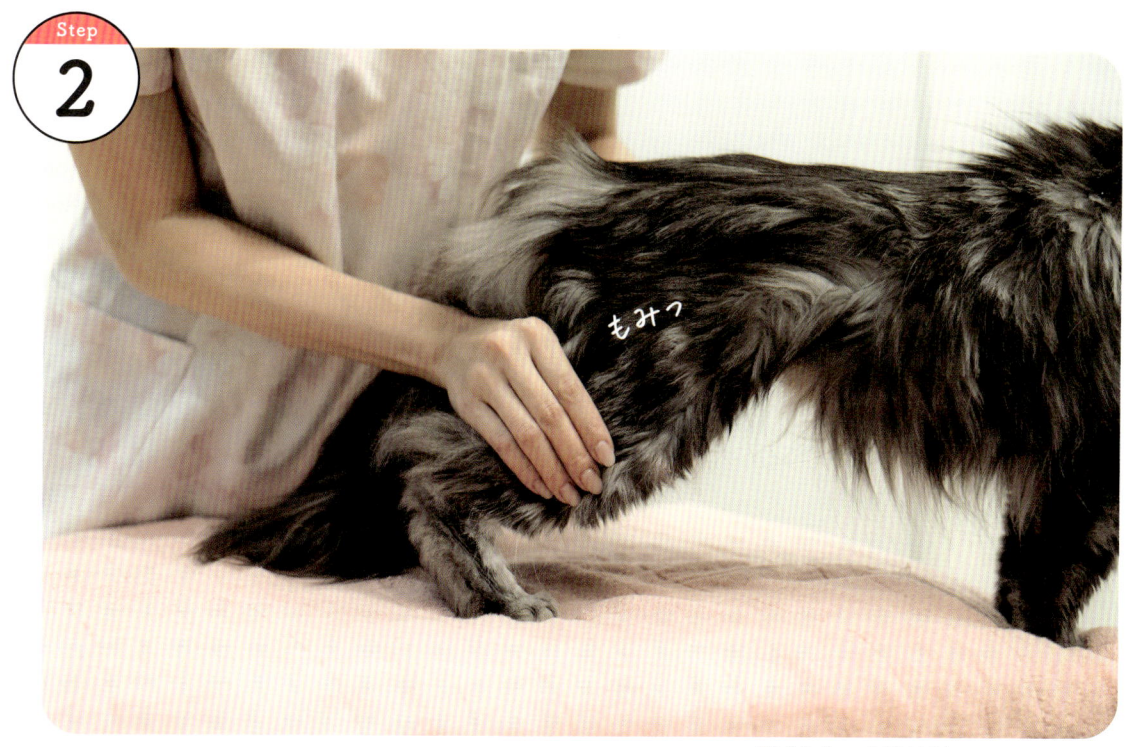

後ろあしの膝とくるぶしの間、外側と内側をつまんでもみもみ（足三里、陰陵泉）。

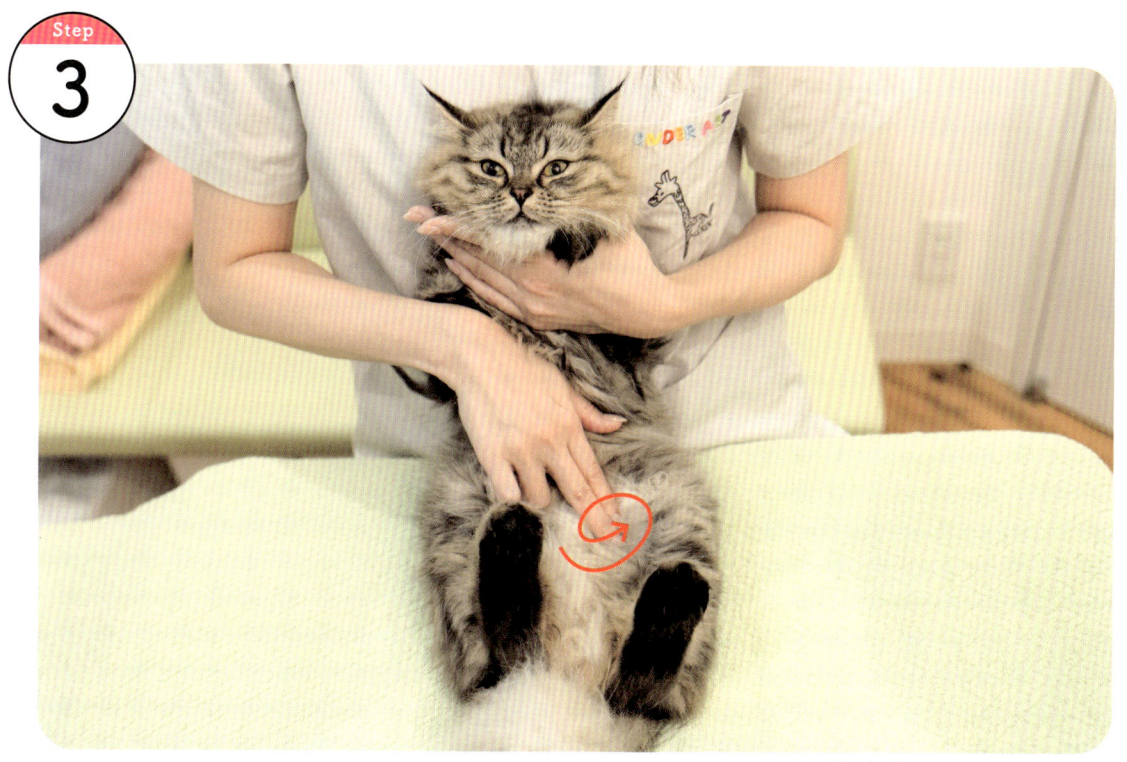

内ももから内くるぶしあたりを2、3本の指で圧をかけながらくるくる（三陰交）。

口臭、口内炎

夏の暑さで身体の炎症がでやすいです。暑さによる疲れもあり、口内炎が悪化しやすく、さらに消化器官の働きも低下しやすい季節なので口臭もでてきます。

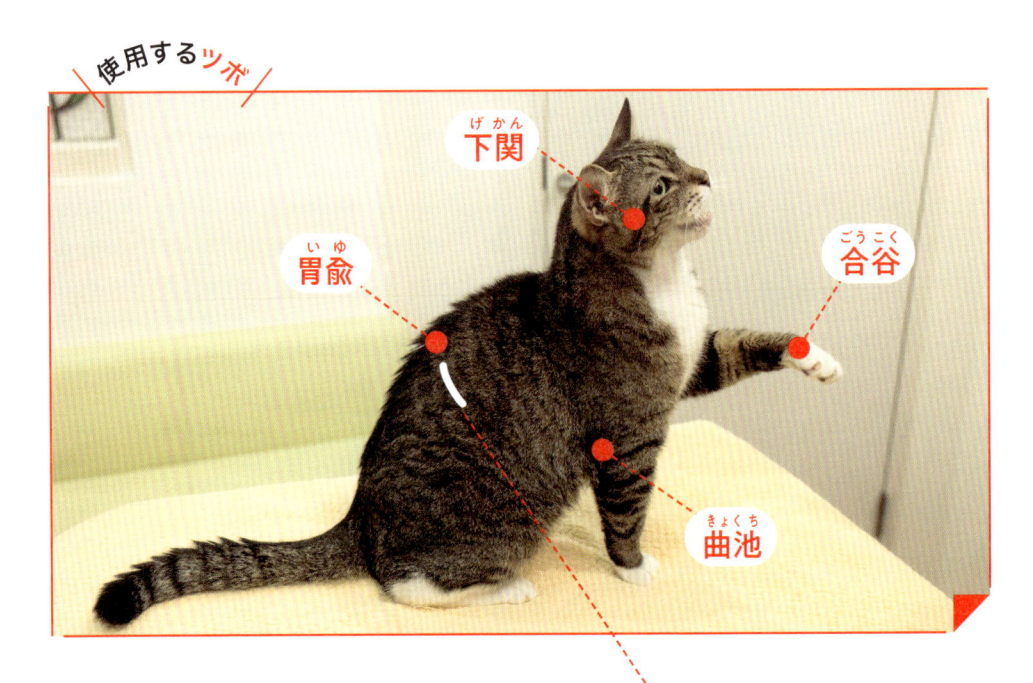

使用する**ツボ**

下関（げかん）
胃兪（いゆ）
合谷（ごうこく）
曲池（きょくち）

13番目（最後の）肋骨

Step 1

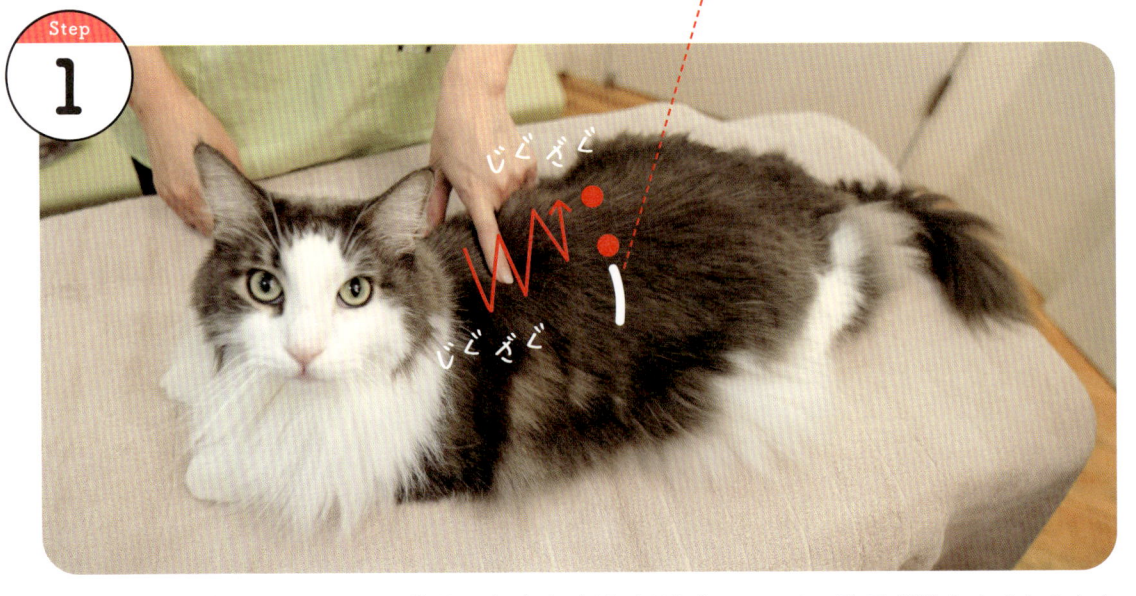

じぐざぐ
じぐざぐ

肩甲骨間に人差し指を置いて、背骨の左右をジグザグさすっていく。肋骨が触れなくなるあたりまで（胃兪（いゆ））。

口角と耳の間をくるくる（下関）。

その後、喉の方へなでる。

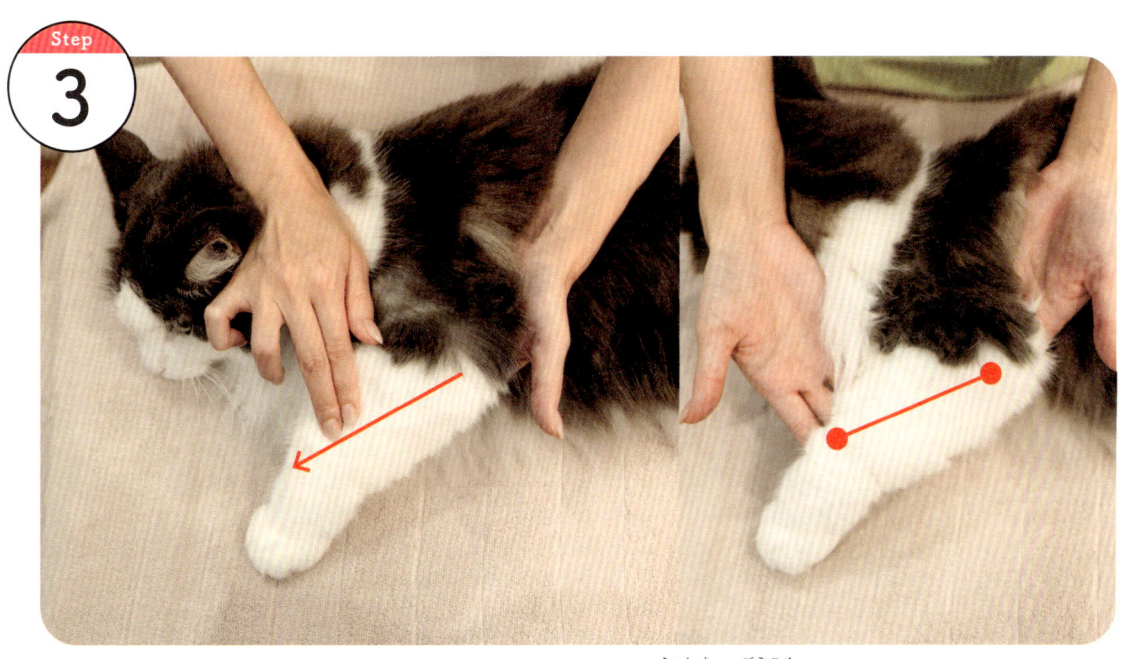

前あし肘の外側から内側の親指の付け根までなでる（曲池、合谷）。

血尿、頻尿、膀胱炎

夏の暑さで水分が失われ尿が濃くなりやすく、熱もこもりやすいので、
膀胱に炎症が起きやすく、血尿や頻尿に繋がります。

使用するツボ

中極 ちゅうきょく

曲泉 きょくせん

委中 いちゅう

陰陵泉 いんりょうせん

中心線にあるツボは●

Step 1

おなか
はさまれてる…

下腹部と骨盤あたりを両手で挟んで、ゆっくり皮膚を動かす（中極 ちゅうきょく）。

Step **2**

大腿部の尾側から膝の後ろをにぎる（委中^{いちゅう}）。

Step **3**

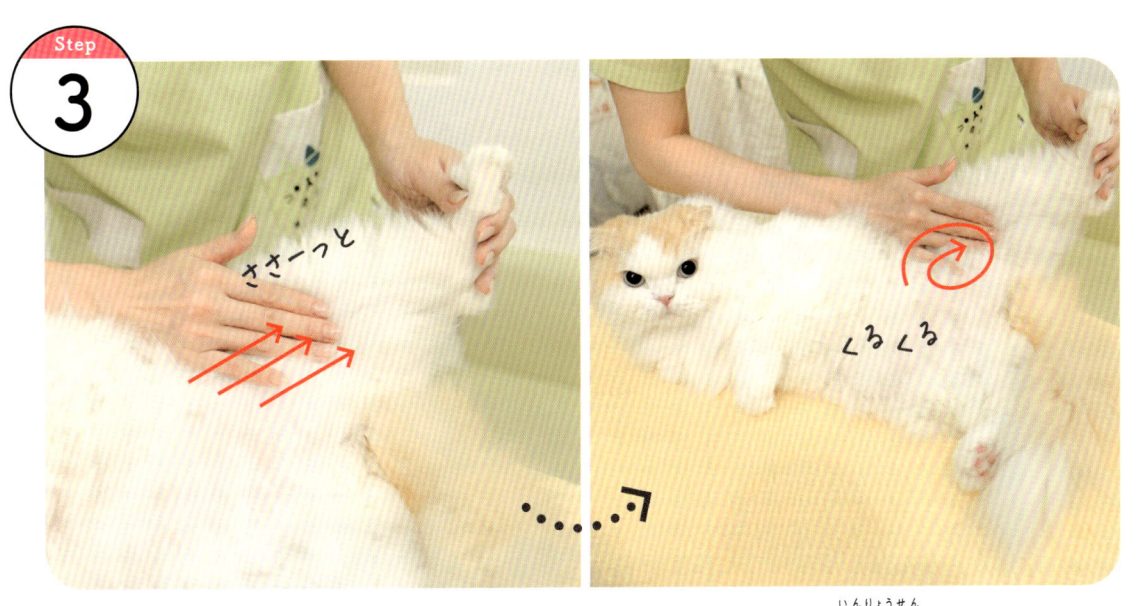

大腿部内側から膝まわりへむかってさする（曲泉_{きょくせん}）。

膝の内側をくるくる（陰陵泉_{いんりょうせん}）。

皮膚の湿疹、かゆみ、赤み、外耳炎

夏の暑さと湿気で、皮膚は炎症を起こしやすくなり、痒みも感じやすくなります。
スプーンを使うと効果的です。

使用するツボ

だいつい
大椎

かんこつ
完骨

けっかい
血海

中心線にあるツボは●

Step 1

肩甲骨の間をスプーンの膨らんでいる部分
でさする（大椎）。

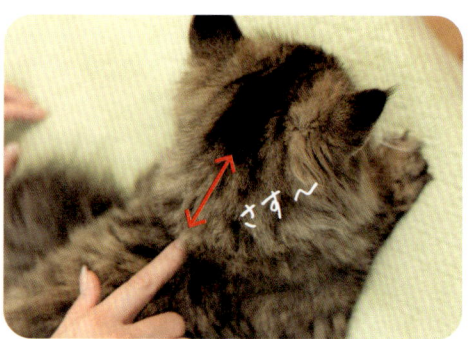

指で肩甲骨の間をさすってもOK。

さす～

このあたり念入りに

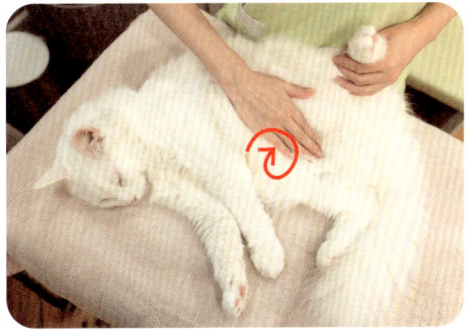

指のはらでくるくるしてもOK。

太ももの内側をスプーンでくるくる、特に膝
上あたりを念入りに(血海)。

Step 3

これは...
新かんしょく

耳の後ろをスプーンで覆うようにして、優しくさする(完骨)。

43

毛繕いが増える、息があらい、興奮しやすい

夏は暑さで身体に熱がこもりやすい為、息が荒くなったり、体温調節としての毛づくろいが増えやすい季節です。スプーンを使うと効果的です。

使用するツボ

頭百会（あたまひゃくえ）

心兪（しんゆ）

肩甲骨

陽谷（ようこく）

中心線にあるツボは●

Step 1

肩甲骨の後ろをスプーンでさする（心兪（しんゆ））。

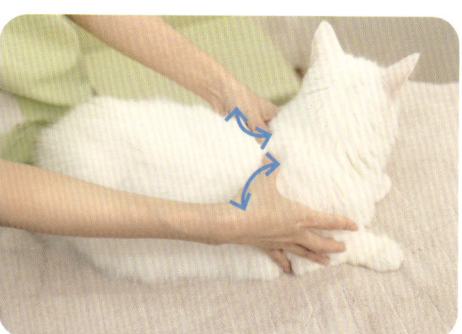

指のはらでさすってもOK。

Step 2

むむっ

わしゃ わしゃ

指先で頭こちょこちょしてもOK。

頭のてっぺんをスプーンでくるくる（頭百会）。

Step 3

前あしの手首をもみもみ。特に外(小指)側を念入りに（陽谷）。

Autumn 秋

8月〜11月

を健康にすごす おすすめマッサージ

肺を丈夫にして、免疫力をアップさせる

起こりやすい症状、行動 （ 🐮 身体の不調 ／ 😿 行動の変化 ）

🐮 皮膚の乾燥、フケ、毛のパサつき→P50

🐮 コロコロの便がでる、便秘→P52

🐮 鼻水、鼻づまり、鼻が乾く→P54

🐮 咳→P58

😿 毛玉をよく吐く、異常な食欲で太りやすい→P60

使用する **ツボ**

はい ゆ
肺俞

てん とつ
天突

たい えん
太淵

Step

1

肩甲骨間から肩甲骨後ろを
さする（肺兪_{はいゆ}）。

Step

2

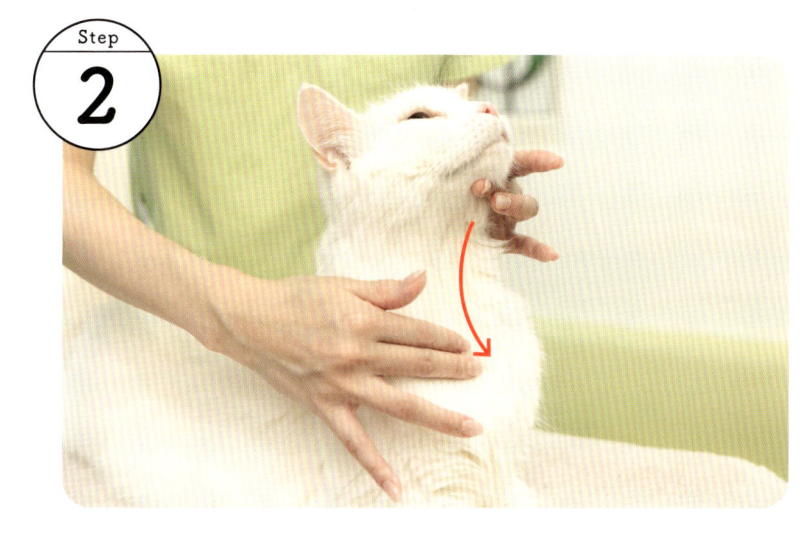

顎_{あご}下から胸にかけてさする
（天突_{てんとつ}）。

Step

3

くる
くる

前あしの内側、 手首の周辺
を親指または人差し指でく
るくる（太淵_{たいえん}）。

皮膚の乾燥、フケ、毛のパサつき

秋の乾燥により、皮膚や毛にいく
水分が足りなくなり起こります。
また「秋に働きが落ちやすい肺」
と「皮膚」は東洋医学的にも関係
が深いです。

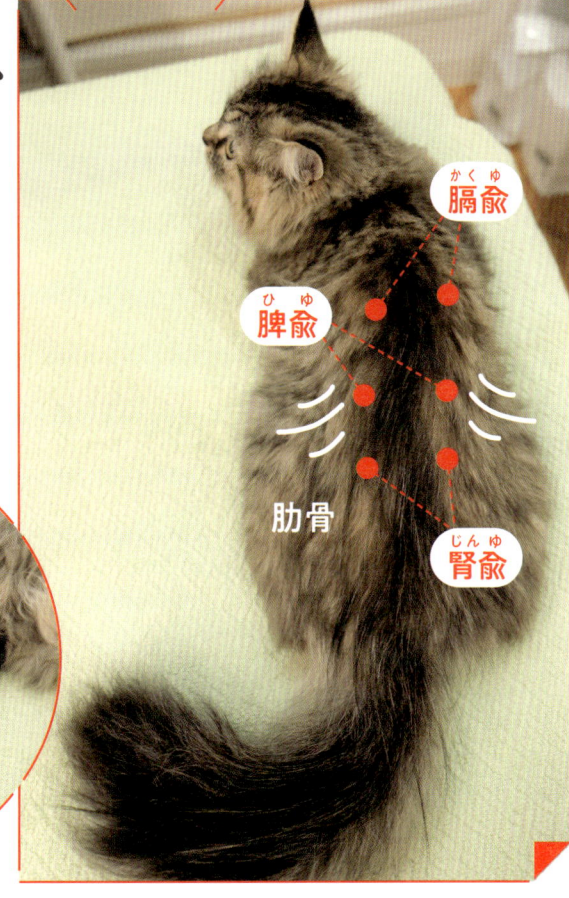

使用する**ツボ**

膈兪（かくゆ）
脾兪（ひゆ）
腎兪（じんゆ）
肋骨

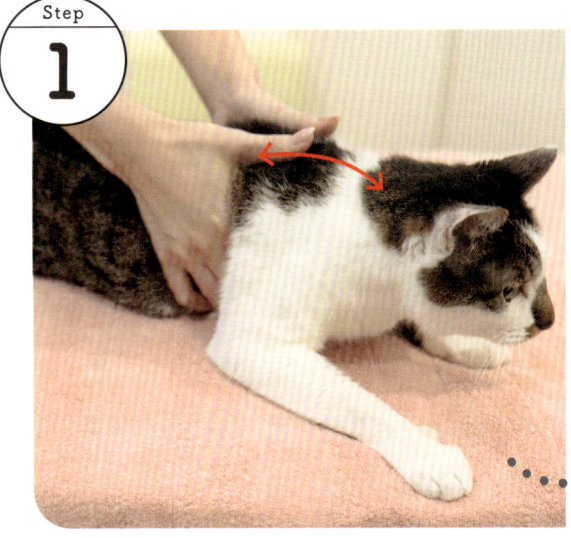

列欠（れっけつ）

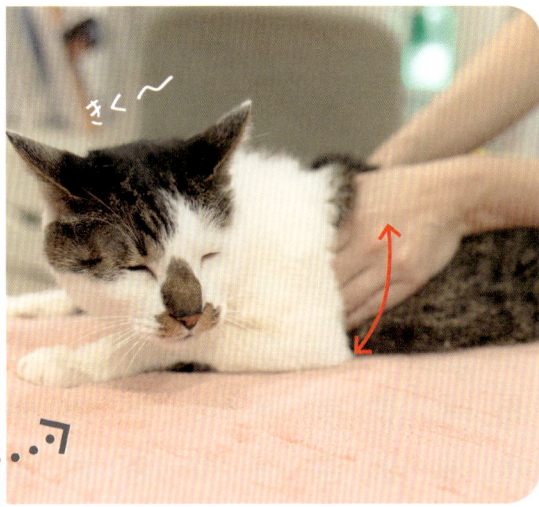

きく～

Step 1

脇の後ろに人差し指、背骨の横に親指を
おき、親指に圧をかけて前後にさする
（膈兪　かくゆ）。

手のひらに圧をかけて上下にさする。
※じっとしてくれそうなら両側いっぺんでもOK。

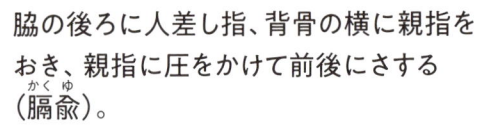

Step **2**

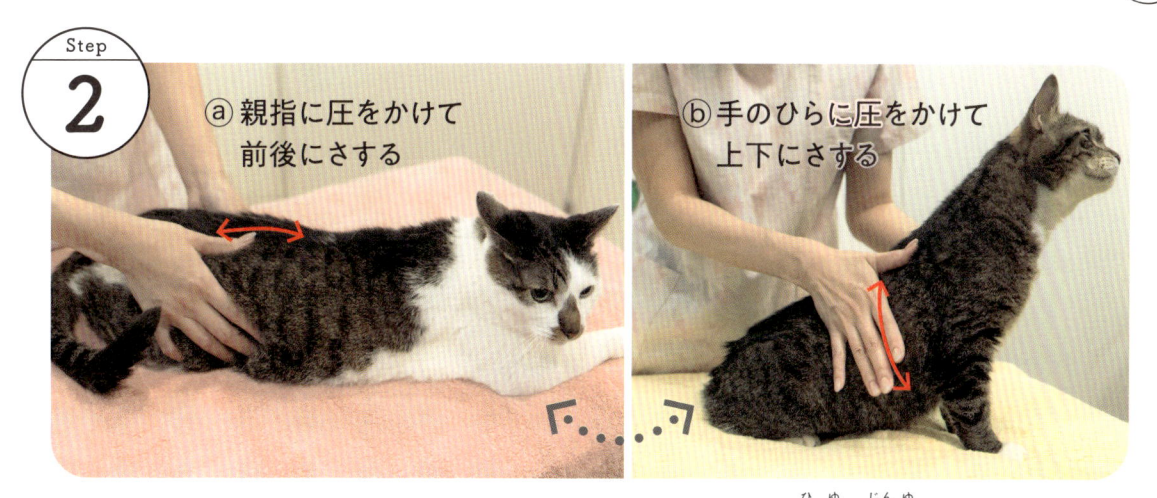

ⓐ親指に圧をかけて
前後にさする

ⓑ手のひらに圧をかけて
上下にさする

①の手の形のまま、少しずつ尾側にいきながらⓐⓑを繰り返す（脾兪、腎兪）。

Step **3**

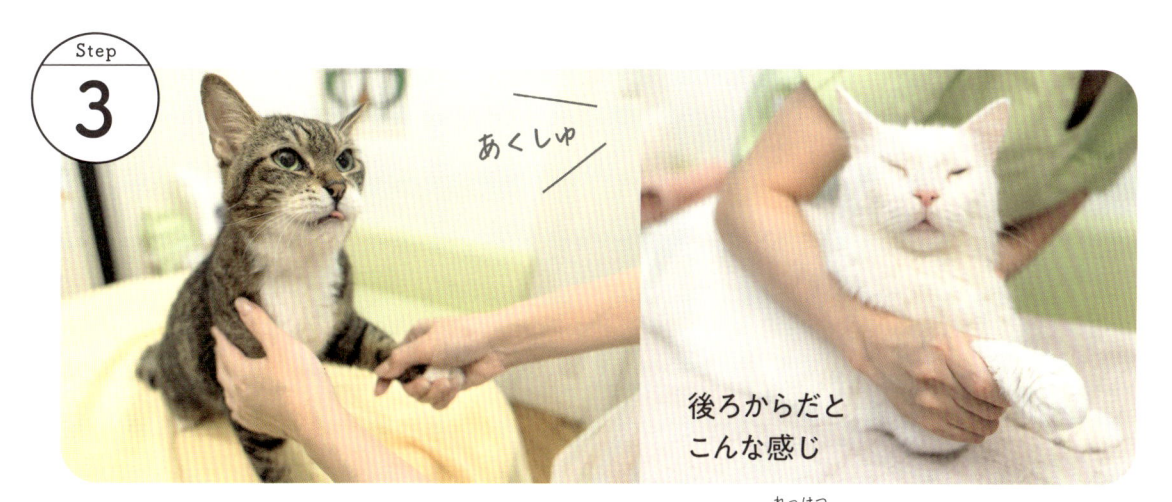

あくしゅ

後ろからだと
こんな感じ

親指が手首の内側にあたるように、前あし先を優しくにぎる（列欠）。

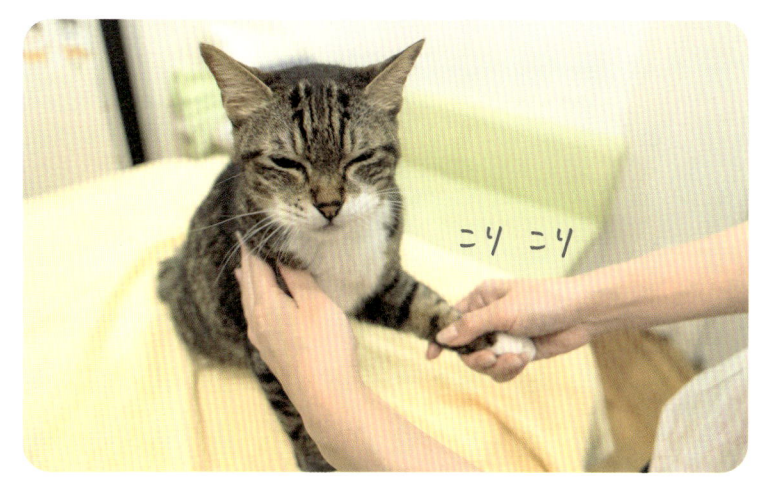

こり こり

手を触られるのに慣れてき
たら、親指と手首の内側の
骨のまわりをコリコリする。

コロコロの便がでる、便秘

秋の乾燥により、便の水分が不十分になり、
便秘が起こったりや乾燥した便がでやすくなります。

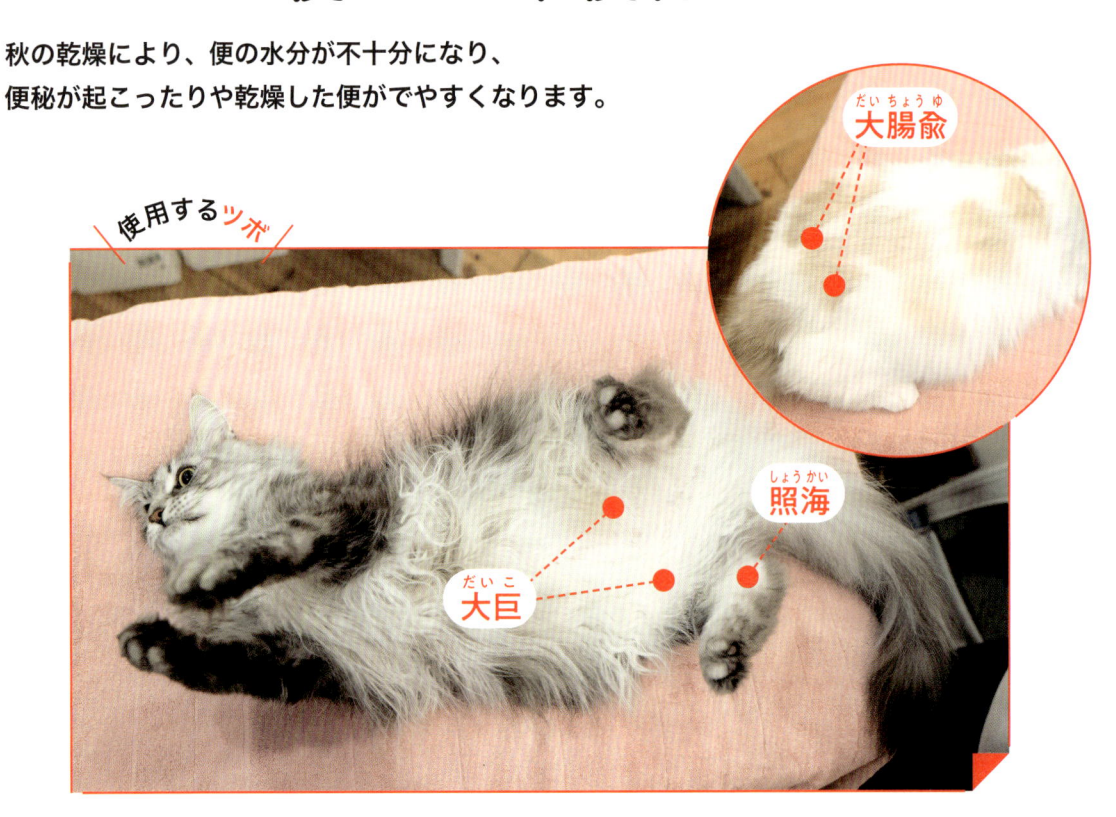

使用するツボ

大腸兪（だいちょうゆ）

照海（しょうかい）

大巨（だいこ）

Step 1

気持ちよし…

お腹に手を当て、時計回りに優しく円を描く（大巨）。

Step 2

鼻の横から目頭あたりに指をおき、優しく圧をかけていく（迎香、鼻通）。

Step 3

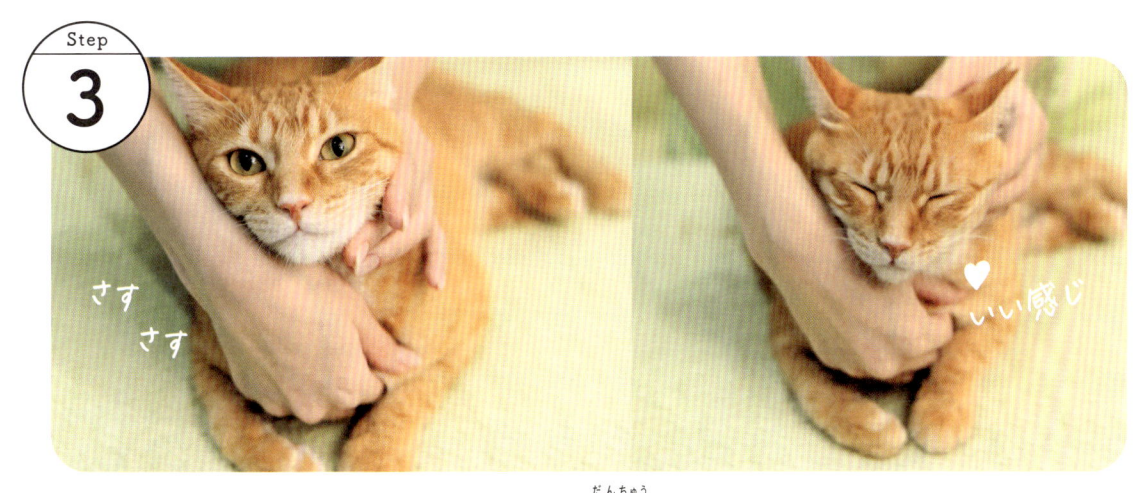

さす さす

いい感じ

手を前あしの間にいれて上下（前後）にさする（膻中）。

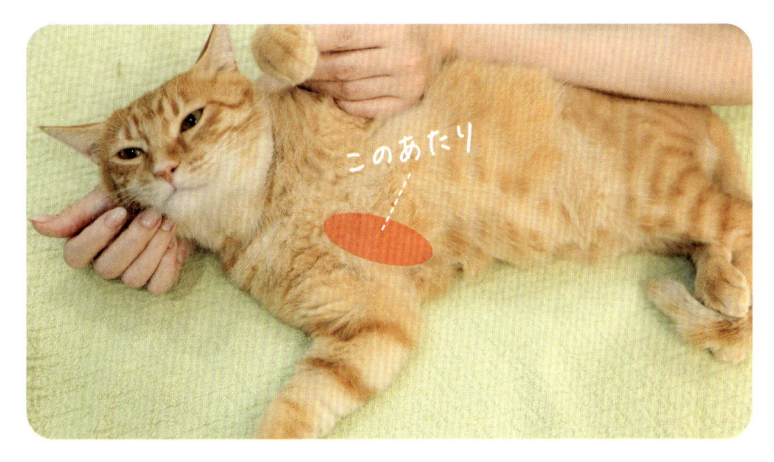

このあたり

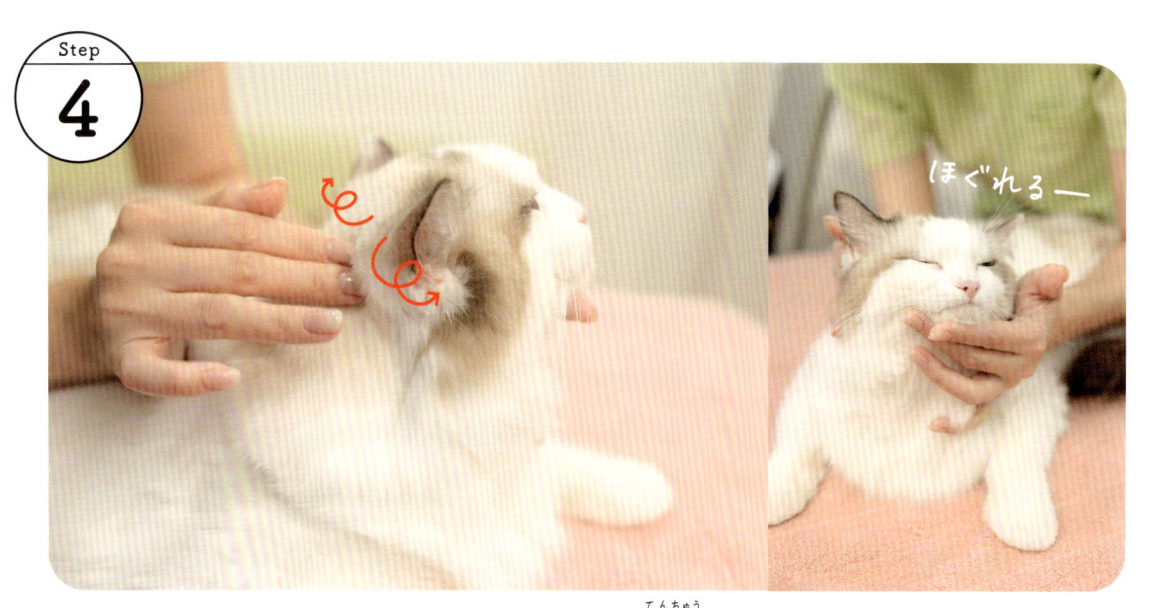

ほぐれるー

頭蓋骨と首の間を中心から外側に向かってくるくる（天柱）。
硬いところやコリコリしているところがあればそこを重点的に行う。
その際、片方の手で顎を支えてあげるとほぐしやすい。

咳

秋は気温の低下や乾燥などが起こり、肺の働きが低下し、咳が出やすくなります。

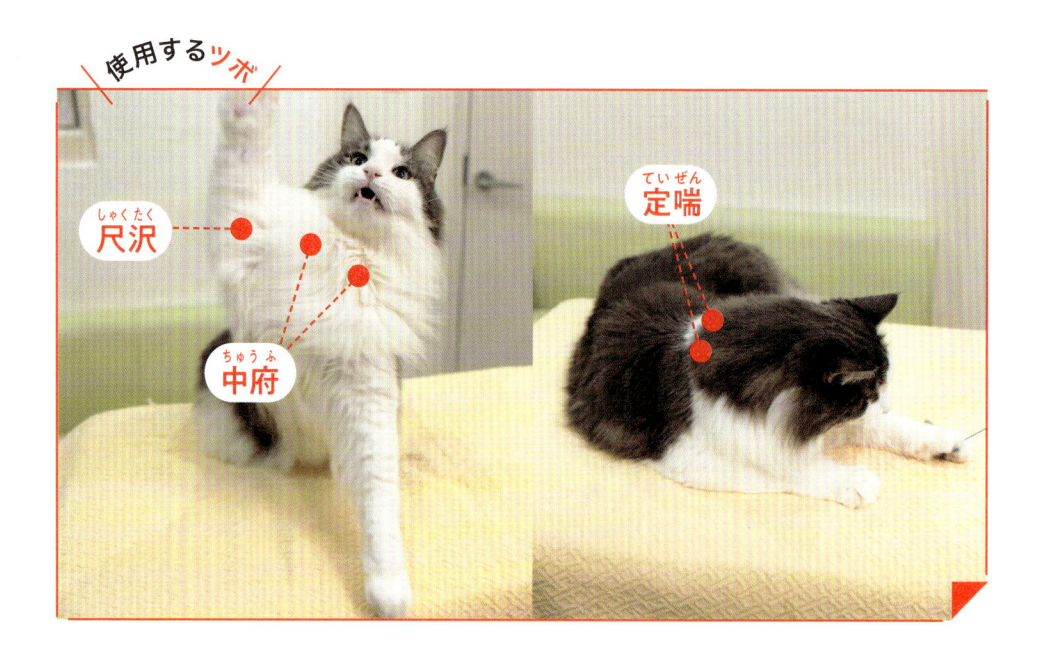

使用するツボ

尺沢（しゃくたく）
中府（ちゅうふ）
定喘（ていぜん）

Step 1

このあたりを重点的に

くるくる〜

首の前側から肩の内側まで2〜4本の指でくるくる。肩周りを重点的に（中府）。

Step 2

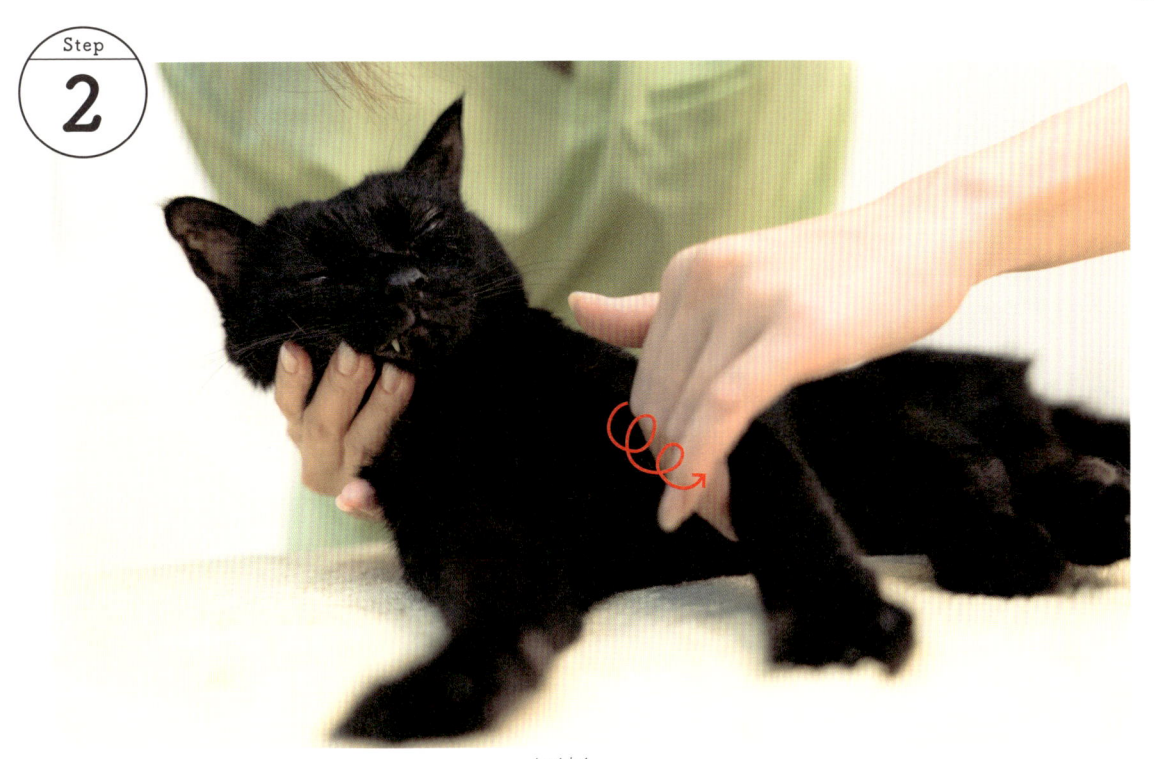

①の続きで肩の内側から肘内側へなでる（尺沢）。

Step 3

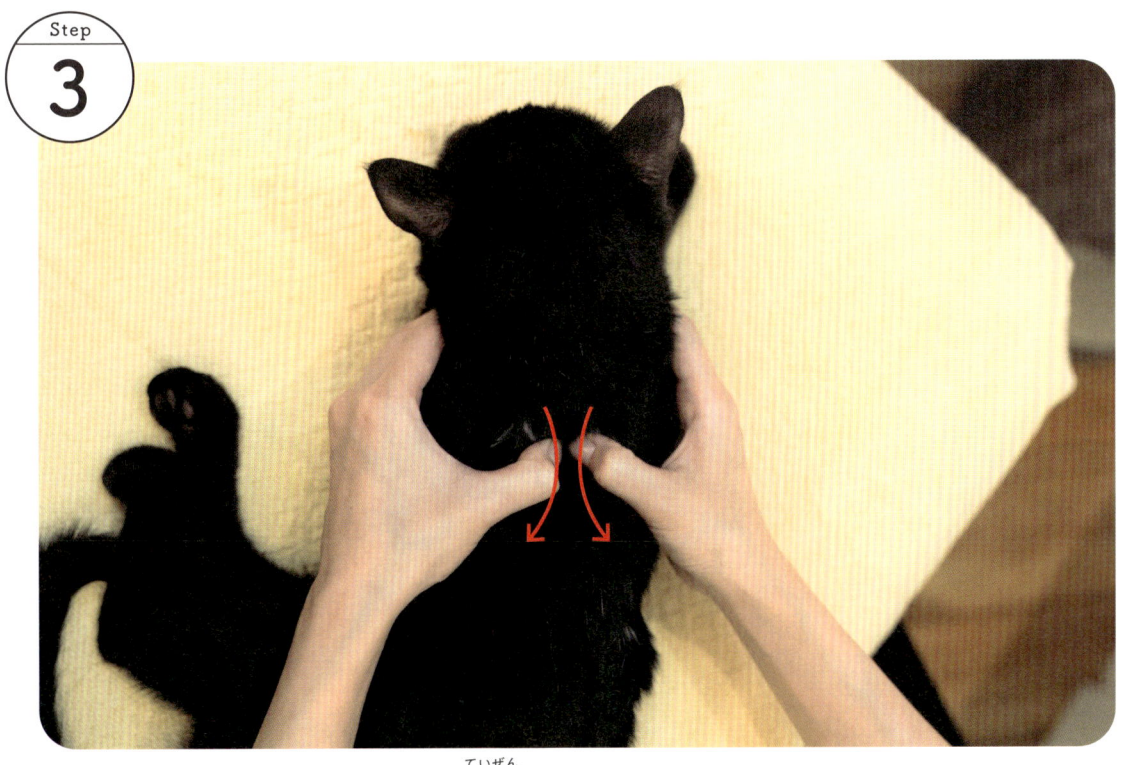

肩甲骨の背中側を骨に沿ってさする（定喘）。

毛玉をよく吐く、異常な食欲で太りやすい

秋は換毛期で、特に毛が沢山抜けて毛玉を吐きやすくなります。
冬に備えて食欲があがり、気温が低くなることで活動量が減り、太りやすくなります。

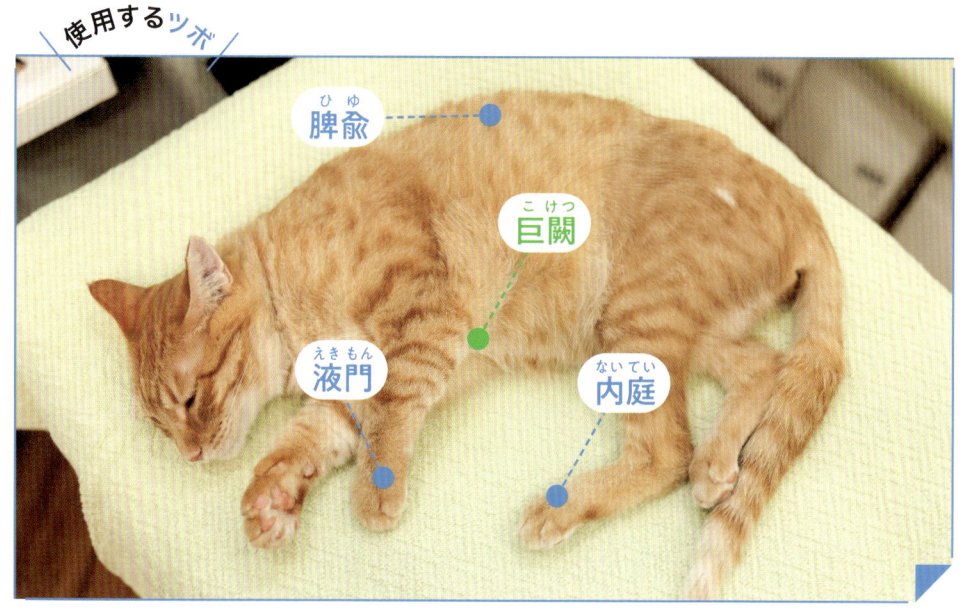

使用するツボ

脾兪（ひゆ）
巨闕（こけつ）
液門（えきもん）
内庭（ないてい）

中心線にあるツボは●

Step 1

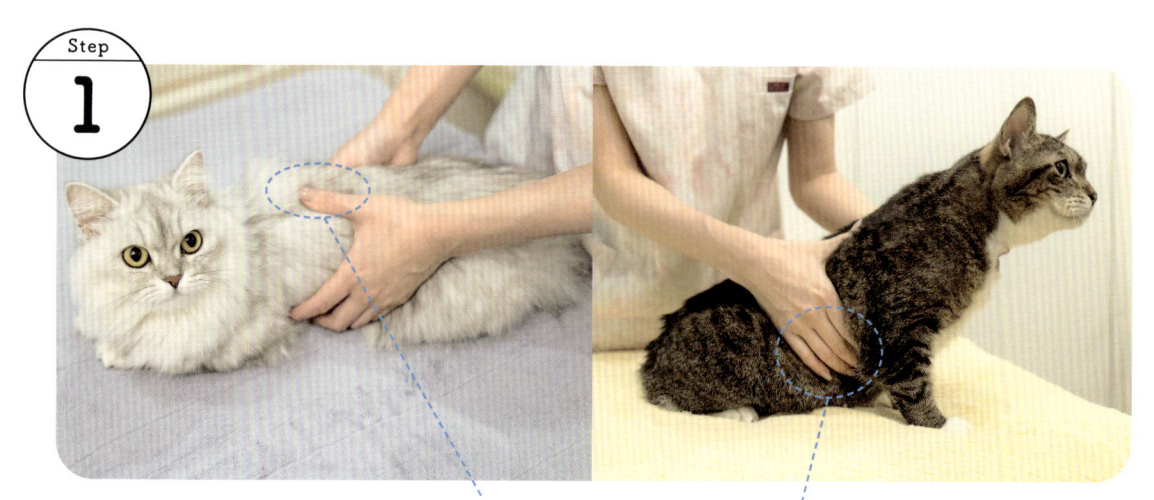

肋骨を包みこむように手をあてる。親指は背骨周りに、その他4本は肋骨をつつむ。

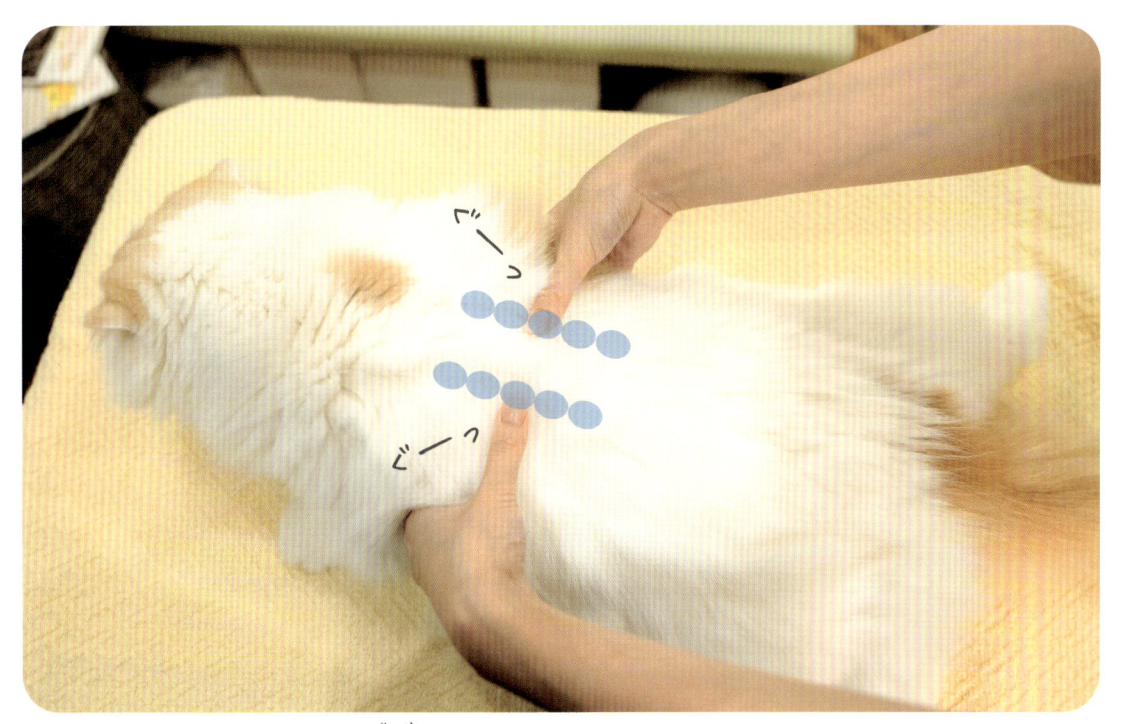

親指で背骨周りを押していく（脾兪）。

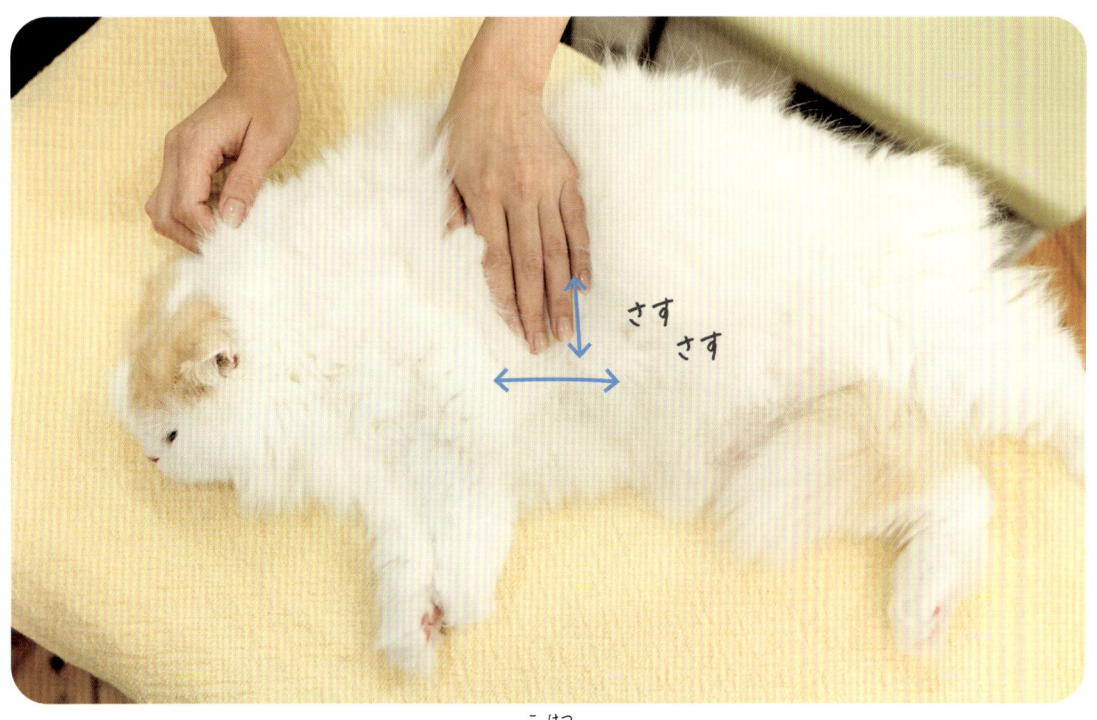

親指以外の指先で肋骨やみぞおちをさする（巨闕）。

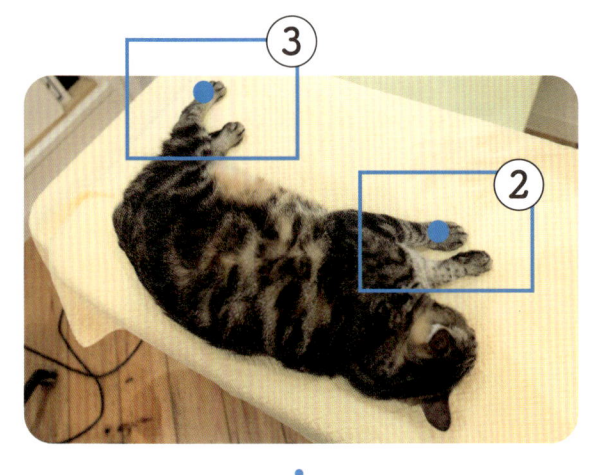

それぞれ拡大

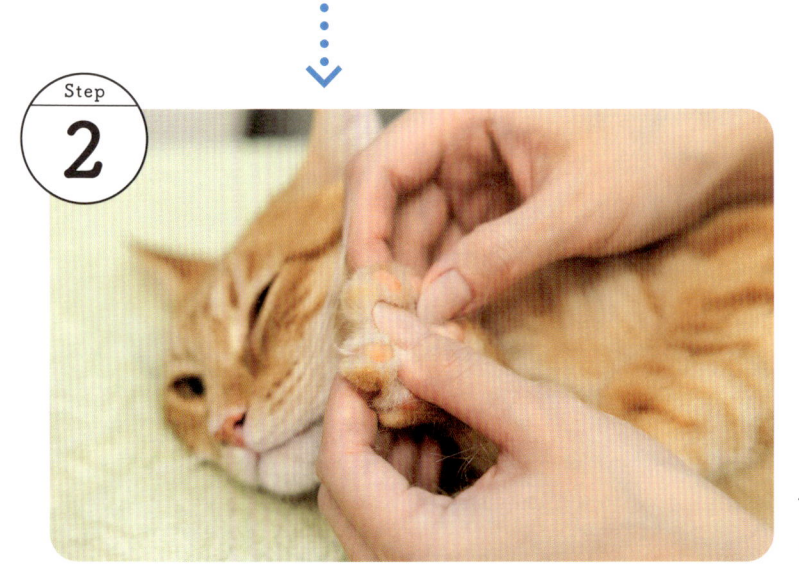

前あしの指の間をもみもみ
（液門）。

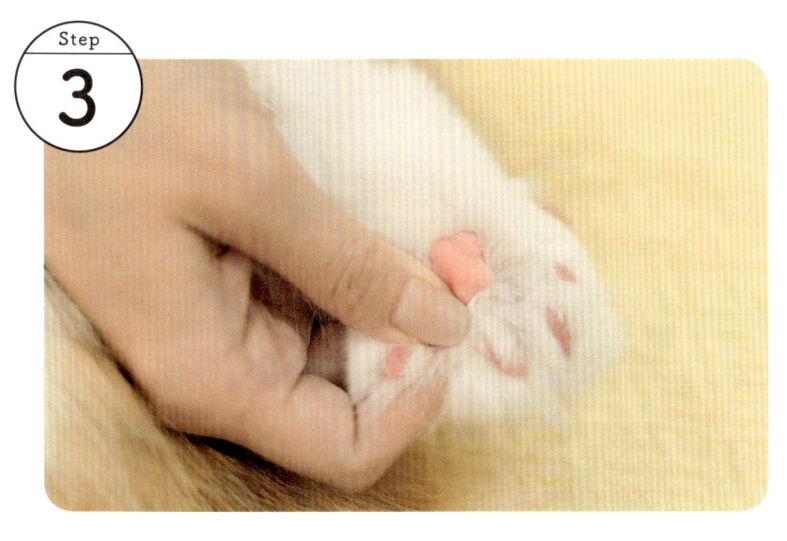

後ろあしの指の間をもみもみ
（内庭）。

Winter 冬
11月〜2月

 **冬** を健康にすごす おすすめマッサージ

腎臓の働きを助け、血流を良くし身体を温めて、冷えを改善する

起こりやすい症状、行動 （ 🐄 身体の不調／ 😿 行動の変化 ）

- 🐄 尿路結石、頻尿、膀胱炎→P66
- 🐄 嘔吐、げっぷ、下痢、お腹の痛み→P68
- 🐄 四肢の冷えやしびれ（立つのに時間がかかったり動きが遅い）→P70
- 🐄 身体や関節の痛みや動かしづらさ→P72
- 😿 耳が遠くなる、ぼーっとすることが増える→P76

使用する**ツボ**

じんゆ
腎兪

たいけい
太谿

けいもん
京門

Step 0

ホットアイマスク大活躍♪

背中全体を温める、特に腰周辺はしっかりと。

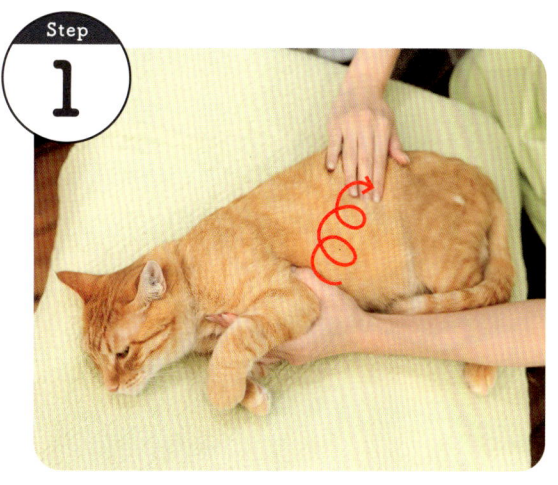

Step 1

指のはらで肋骨に沿って、お腹から背骨の中心へくるくる（京門）。

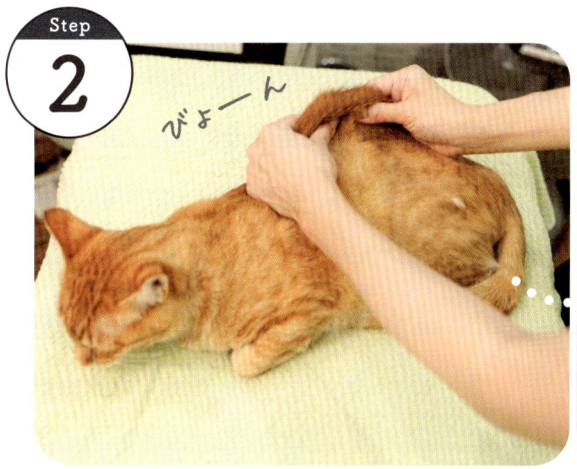

Step 2

びょーーん

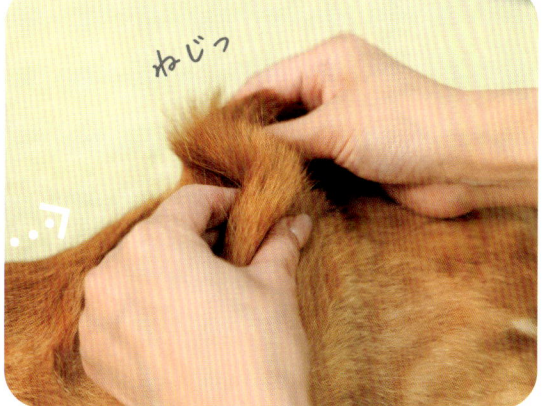

ねじっ

親指と他の指のはらを使って、1の場所あたりからお尻あたりまで皮膚を持ち上げていく。
出来そうなら、つまんだ後、優しくねじる（腎兪）。

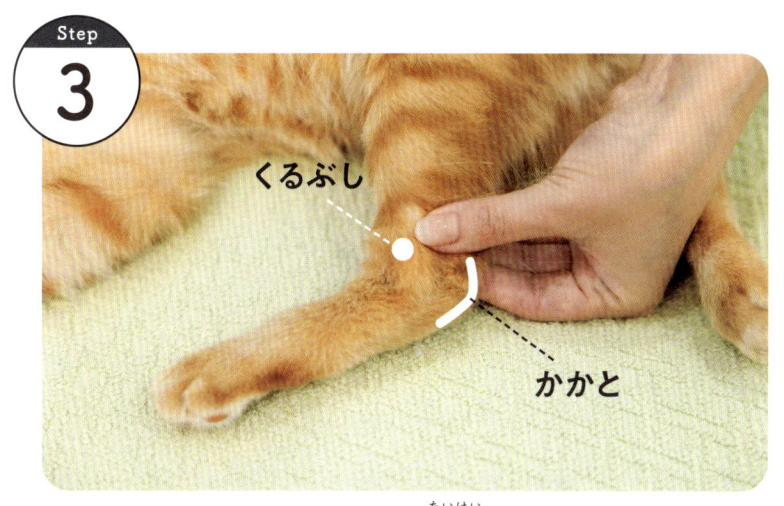

Step 3

くるぶし

かかと

後ろあしのかかとの上をもみもみ（太谿）。

尿路結石、頻尿、膀胱炎

冬の寒さで水を飲む量が減ったり、おしっこを作ったり排泄する腎臓や膀胱が冷やされ、その働きが落ちることにより、結石や膀胱炎が起こります。

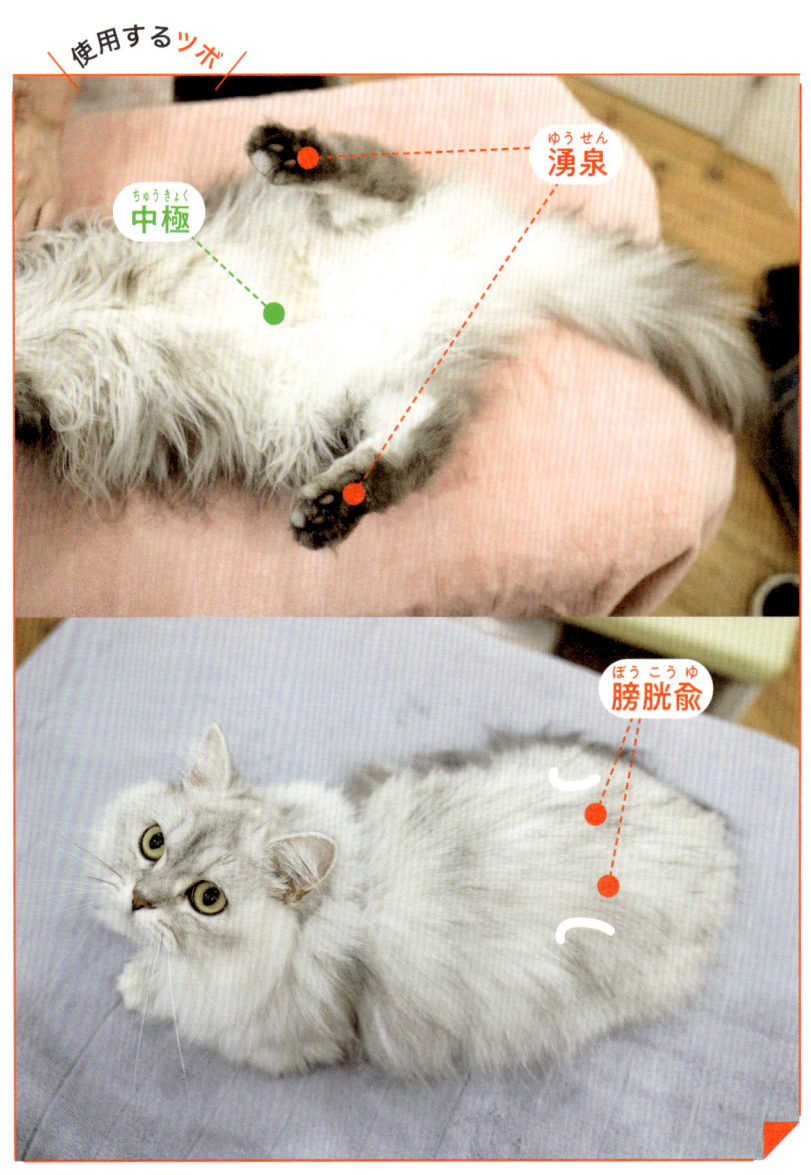

使用するツボ

ゆうせん
湧泉

ちゅうきょく
中極

ぼうこうゆ
膀胱兪

中心線にあるツボは●

Step 1

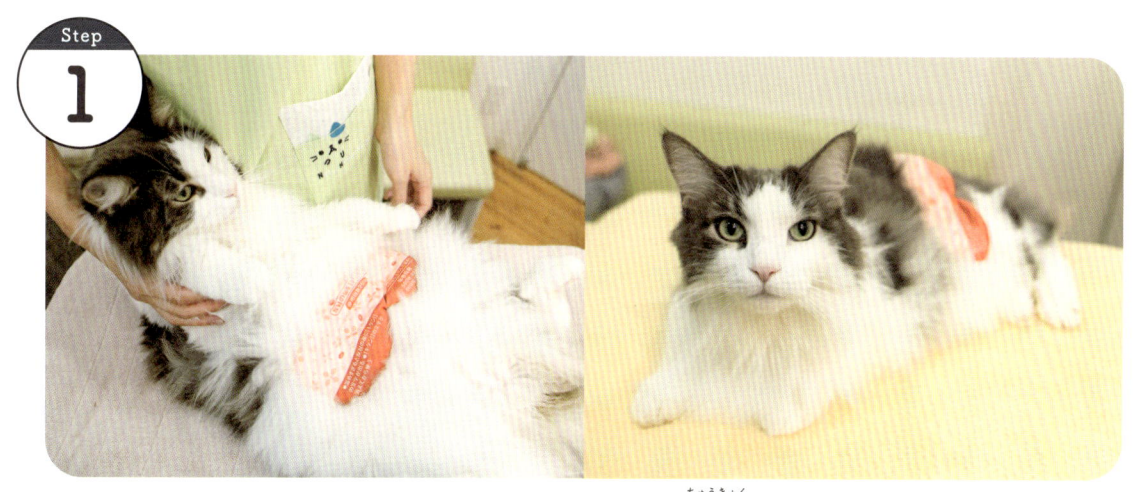

下腹部と下腹部側面あたりをホットパックなどで温める(中極^{ちゅうきょく})。

Step 2

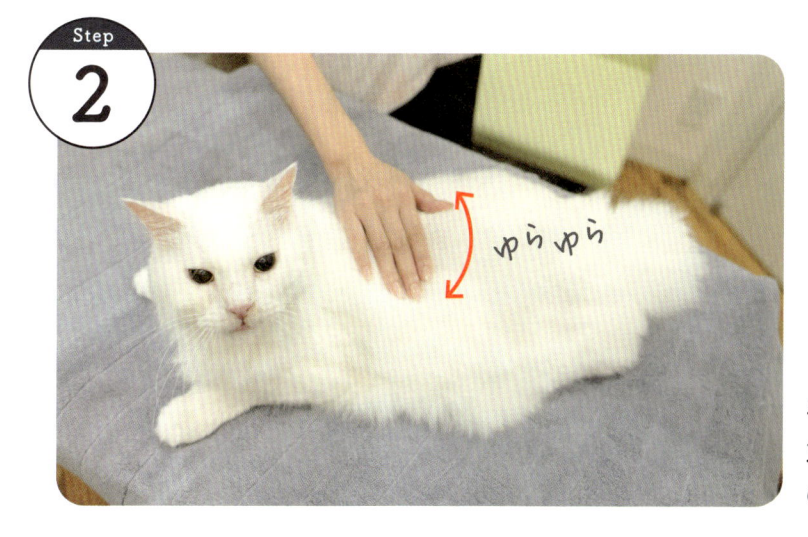

ゆらゆら

手を背骨に垂直にあて、横に3〜4回ゆらし、少しずつ尻尾のほうへずらしていく(膀胱兪)。

Step 3

後ろあしの肉球をもみもみ(湧泉)。

嘔吐、げっぷ、下痢、お腹の痛み

冬の寒さが胃や腸などの消化器官を冷やして、
その働きが落ちることで嘔吐や下痢など消化器症状が起こります。

\使用するツボ/

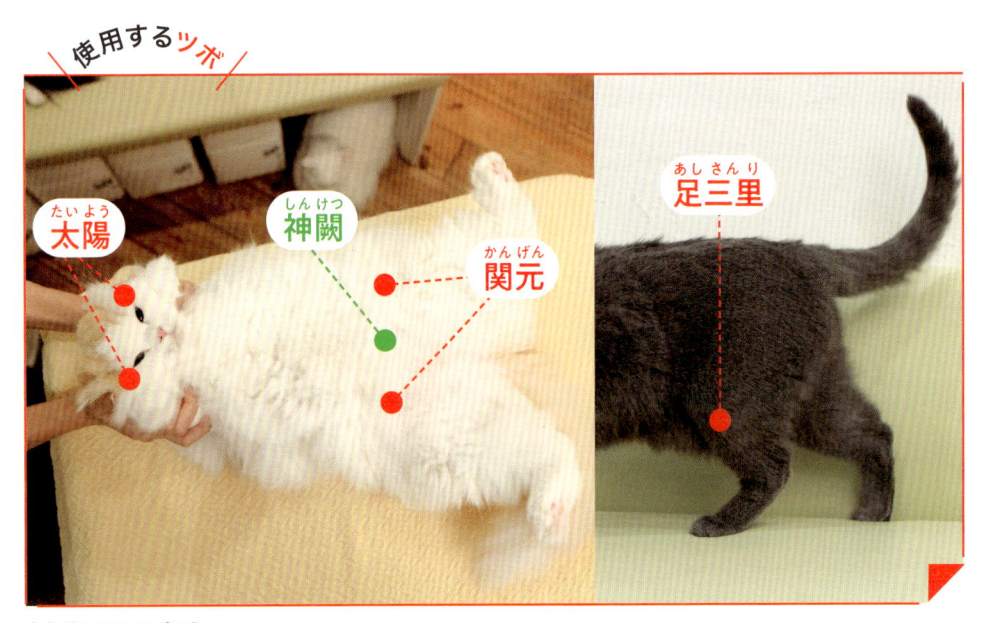

太陽（たいよう）　神闕（しんけつ）　関元（かんげん）　足三里（あしさんり）

中心線にあるツボは●

Step 1

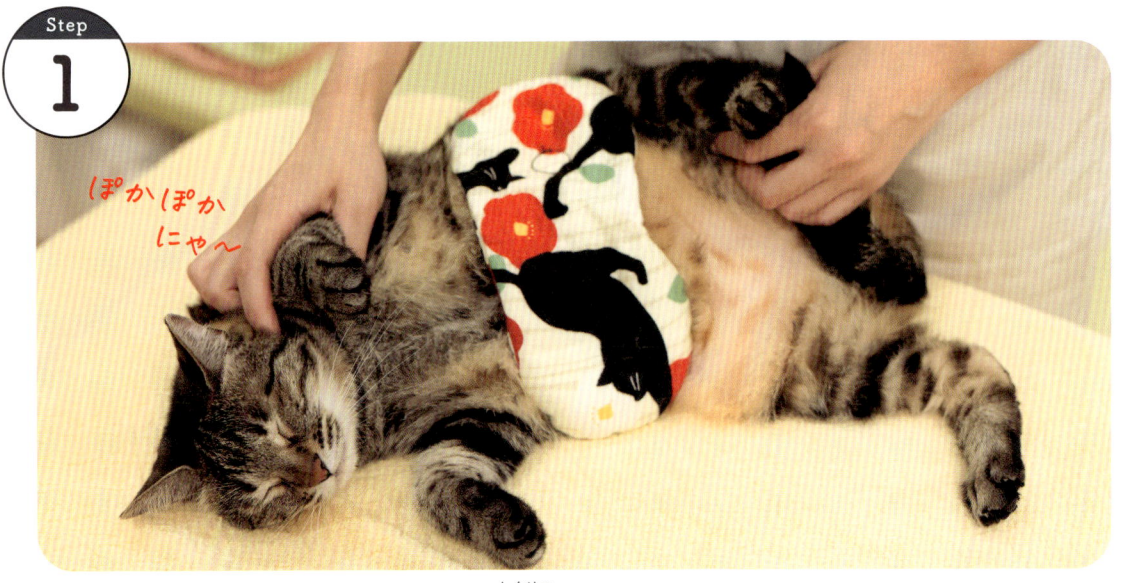

ぽかぽか
にゃ〜

お腹の中心をホットパックなどで温める（神闕〈しんけつ〉）。

Step **2**

目と耳の間を押す(太陽)。

Step **3**

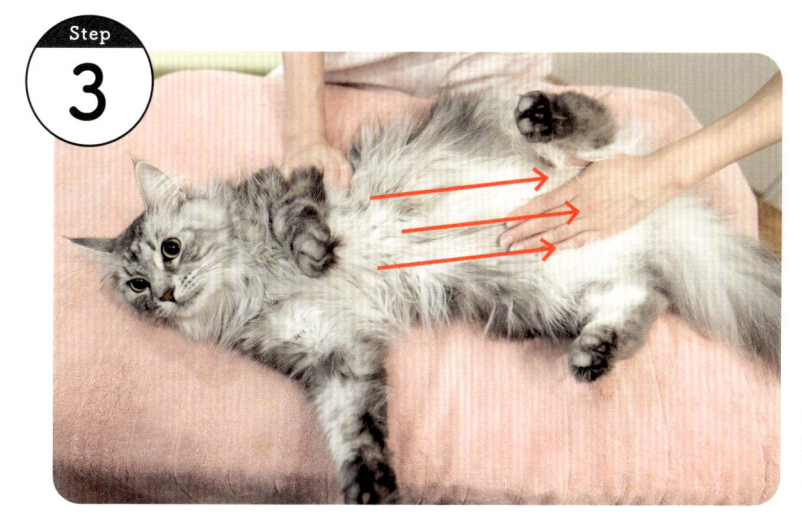

お腹に手のひらをあてて、頭側からお尻側へゆっくりなでる(関元)。

Step **4**

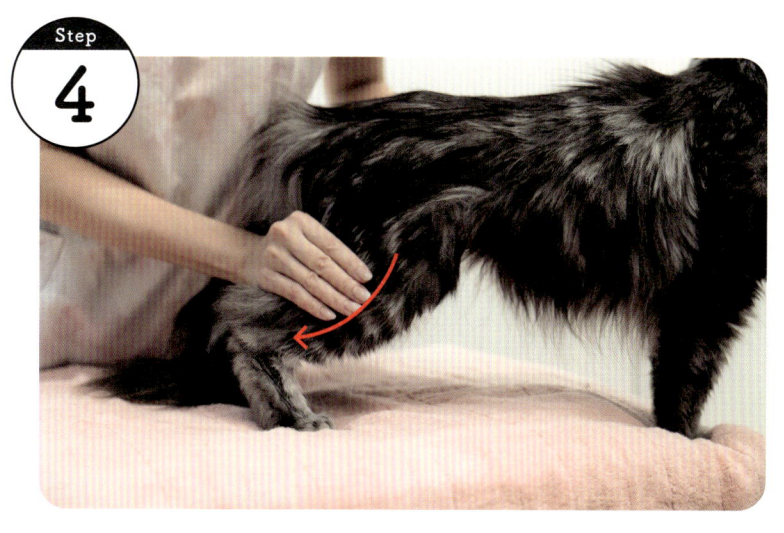

後ろあしの膝下外側を足先の方へさすっていく(足三里)。

四肢の冷えや しびれ
（立つのに時間が かかったり動きが遅い）

冬の寒さにより、身体の末端に血液が行きづらくなり起こります。

使用するツボ

骨盤

胆兪（たんゆ）　命門（めいもん）

ろっ骨

肝兪（かんゆ）

中心線にあるツボは●

Step 1

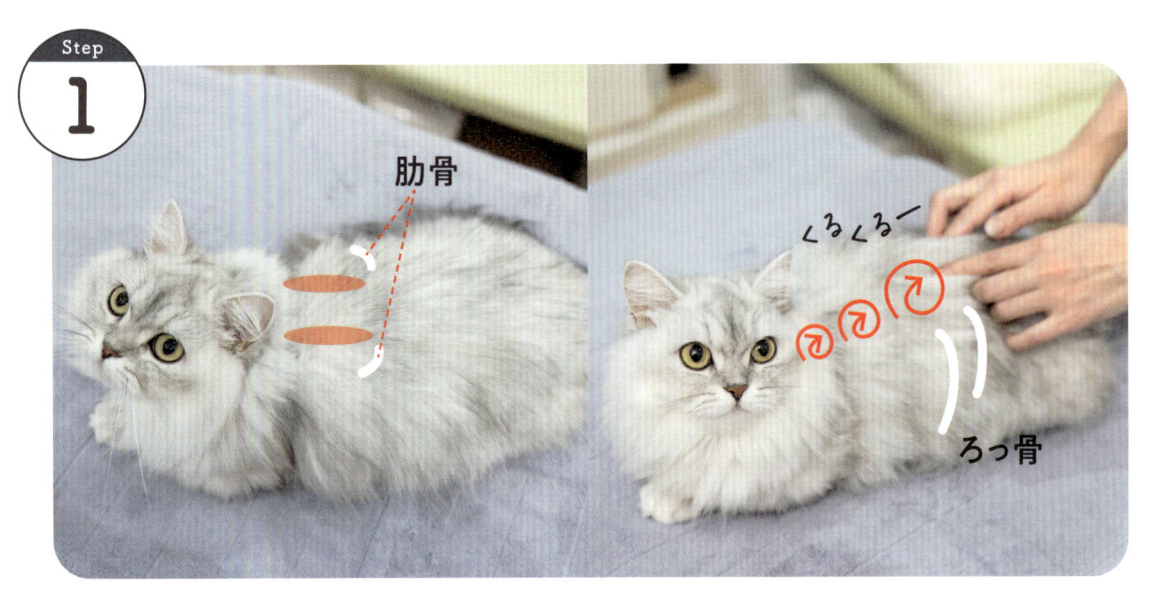

肋骨

くるくるー

ろっ骨

肩甲骨の後ろから肋骨がさわれなくなるあたりまで、指1～2本を使い背骨のまわりの窪みにくるくる圧をかけていく（肝兪、胆兪）。特に後ろの方は重点的に行う。

Step 2

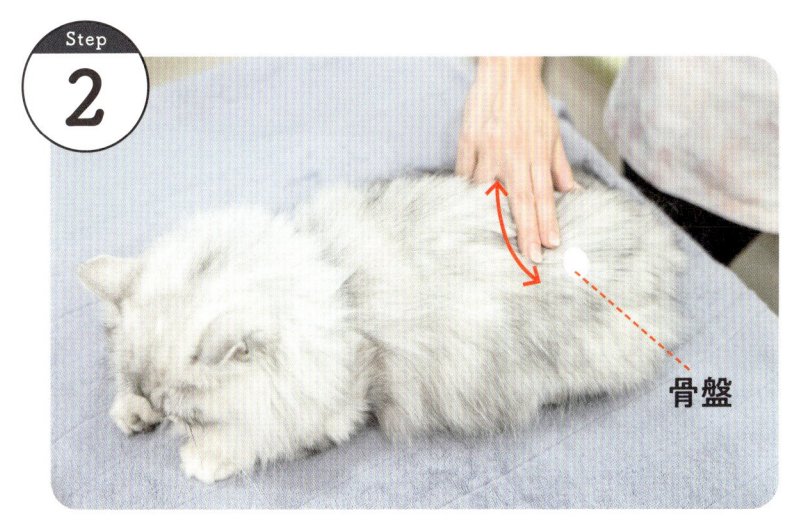

骨盤

①を終えたあたりから骨盤に当たるくらいまで、人差し指を背骨に垂直にあて、背骨と背骨の間をさすっていく（命門）。

Step 3

血が末端に流れてく—♥

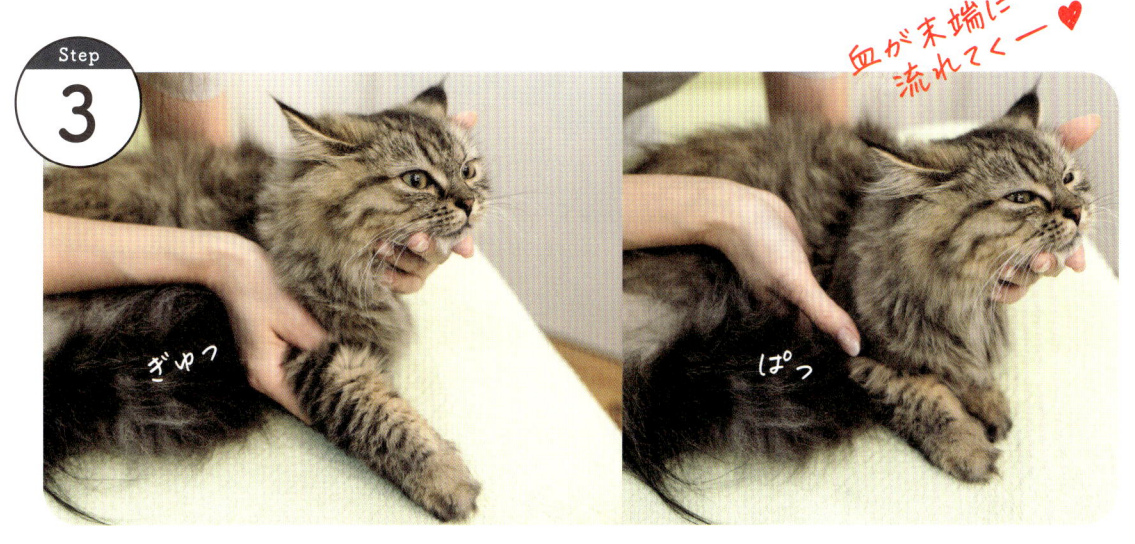

ぎゅっ

ぱっ

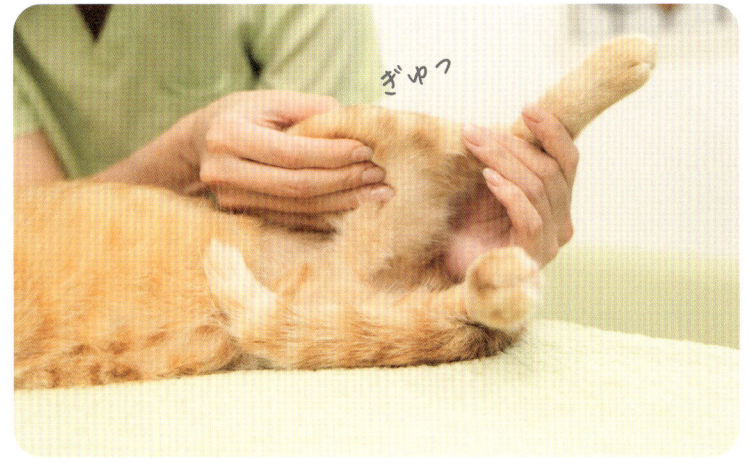

ぎゅっ

前あし、後ろあしをぎゅっとにぎって、パッとはなすを根本から足先まで繰り返す。

身体や関節の痛みや動かしづらさ

冬の寒さにより、身体を巡る血液やリンパ液が停滞して、
身体のこわばりや痛みが続きやすくなります。

〉使用する**ツボ**〉

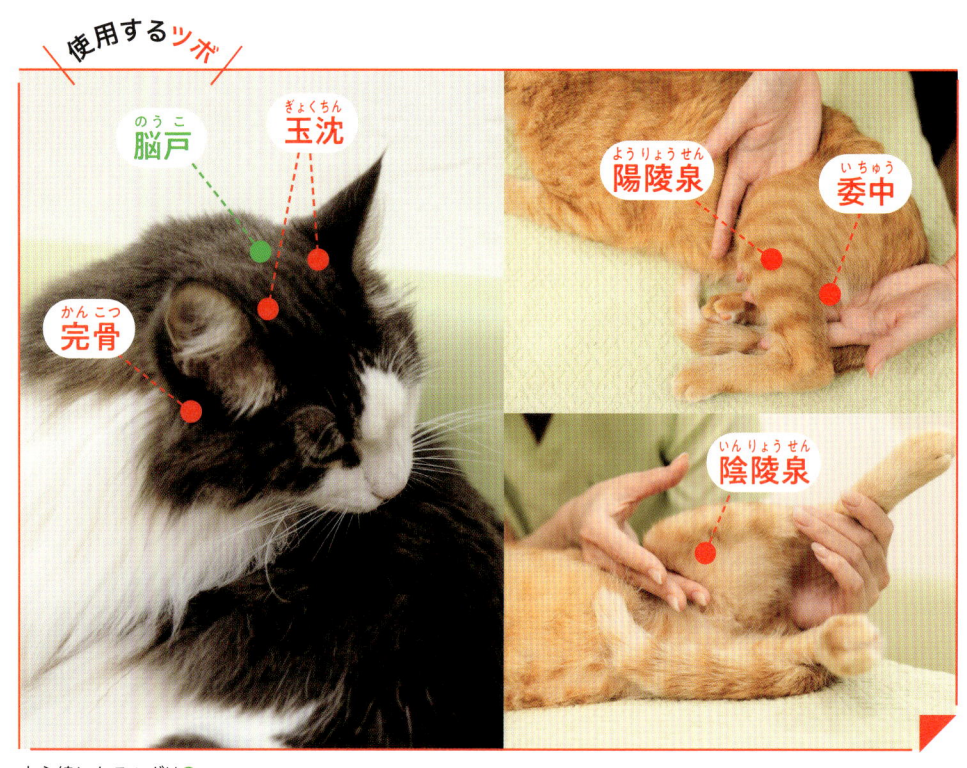

脳戸（のうこ）
玉沈（ぎょくちん）
陽陵泉（ようりょうせん）
委中（いちゅう）
完骨（かんこつ）
陰陵泉（いんりょうせん）

中心線にあるツボは●

Step 1

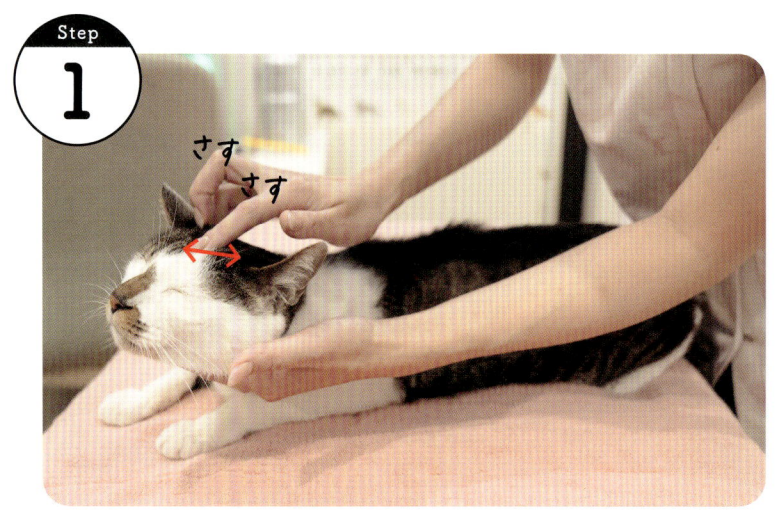

さす
さす

頭頂部中心から首にかけて
指でさする（脳戸（のうこ））。

Step 2

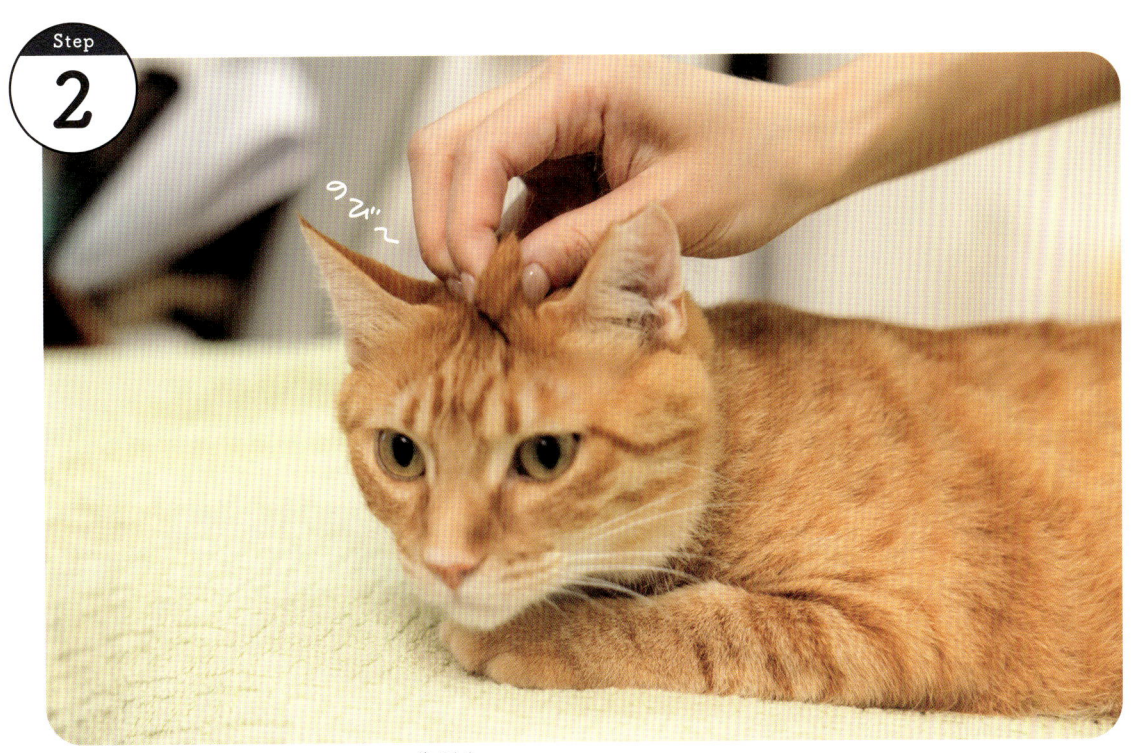

のび〜

頭部周辺の皮膚をつまんでいく（玉沈^{ぎょくちん}）。

Step 3

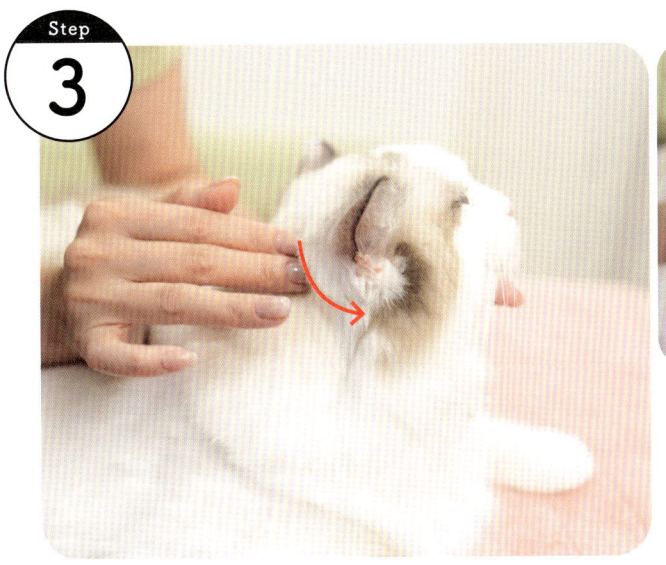

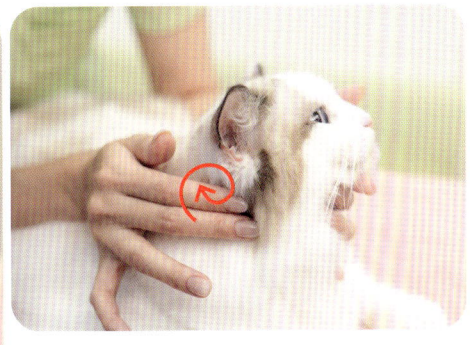

出来そうなら耳下をくるくる。

耳の後ろから耳にそって顔側へ、人差し指や
中指で優しく圧をかけてなでる（完骨^{かんこつ}）。

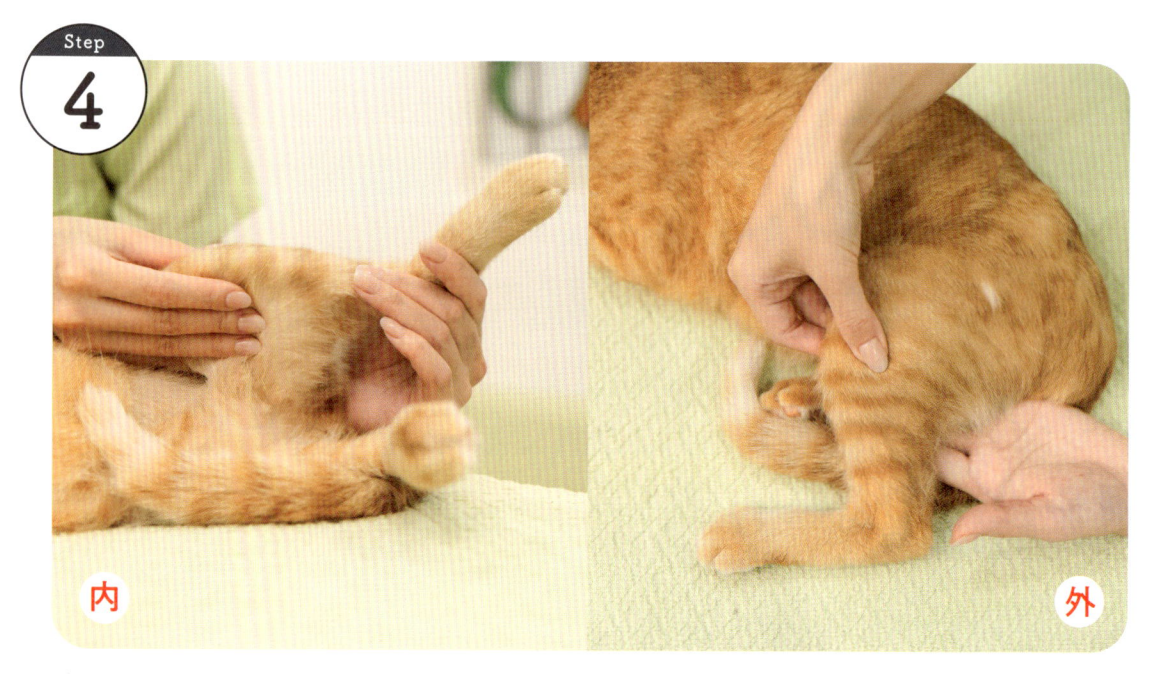

内　外

膝の内側と外側を親指とその他の指で包み、側面の骨を感じながらくるくるもみもみ
（陽陵泉、陰陵泉）。

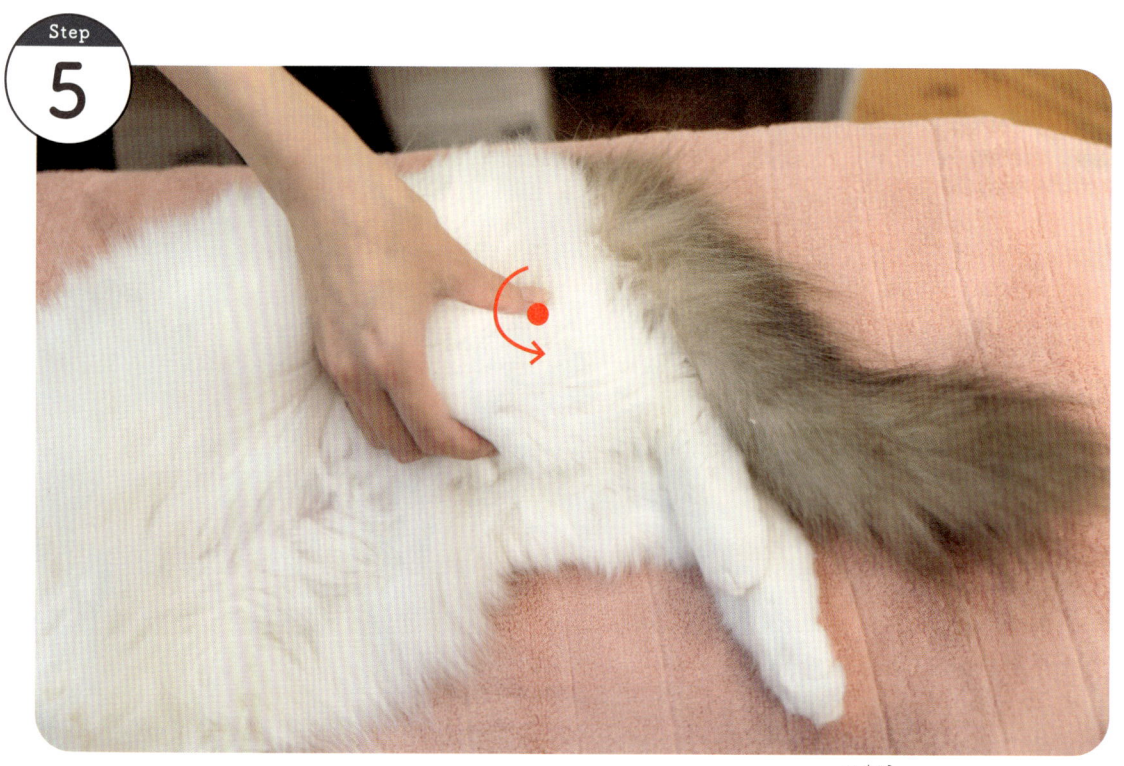

膝を手のひらで包み、膝裏に親指をおき、太もも側から足先へなでる（委中）。

column
寒さと痛み

———

寒くなってくると、夏に比べて「どこか痛そう」「あしや手をかばって歩いている」などの症状で病院にくる子が増えます。何故寒いと痛みがでてくるのでしょうか?

まず寒さで身体に起こることは、体温を保とうとして血管がキュッと縮まり、筋肉や関節などへの血の巡りが悪くなります。

すると酸素や栄養は運ばれにくく、血液によって流れていくはずの老廃物や痛みの原因物質が滞りやすく、結果的に痛みを感じやすくなります。

東洋医学でも冬は寒さの為に気血に滞りが生じる季節とされ、「気血の流れがよければ痛みは感じないが、気血の流れが滞ると痛みを感じる」という意味の文言があります。

※気:身体の循環を促すエネルギー、血:血液のようなもの。

他には、

・寒さで筋肉が硬くなることで、痛みなどの刺激が起こりやすい。

・寒い時は気圧が低下しやすく、もともと痛みがでやすい部位などの腫れが
　強くなって、痛みがでてくる。

など寒さと痛みはとても関係が深いのです。

特に猫は寒いことが苦手な子も多く、運動不足になり、血液の巡りが悪くなって、筋力も落ち、関節を支えることが困難になることもあります。

猫の痛みのサインとしては

・身体を触ると嫌がる、軽く押しただけで身体に力が入る

・どこかをかばって歩く、あまり歩かない

・ジャンプしない、高いところへ登らない

などがあります。

出来れば痛みやこういった症状がでる前に愛猫をマッサージして、身体の芯から温めてあげるのがベストです。

耳が遠くなる、ぼーっとすることが増える

冬の寒さで、耳への血液やリンパ液が行き渡りづらくなり起こります。
また「冬に働きが落ちる腎」と「耳」は東洋医学的にも関係が深いです。

使用するツボ

耳門 （じもん）
聴宮 （ちょうきゅう）
聴会 （ちょうえ）
腰百会 （こしひゃくえ）
骨盤

中心線にあるツボは●

Step 1

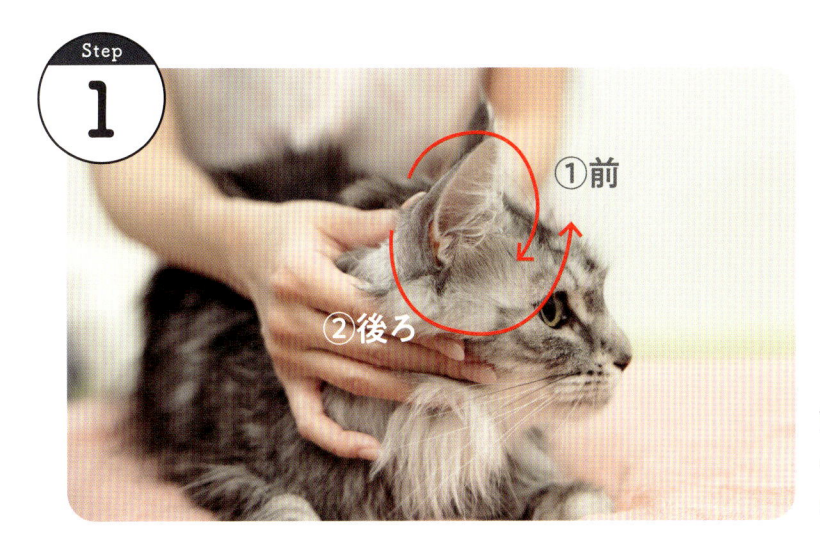

①前
②後ろ

耳の根本を優しく握って、ゆっくり根本からまわす（前後、なるべく同じ回数ずつ行う）。

Step 2

耳の前と目の間を指でくるくるさすっていく。特に耳の内側、真ん中、外側を念入りに（耳門、聴宮、聴会）。

Step 3

ポンポン

このへん
こちょこちょ

尻尾の付け根をポンポンたたく、こちょこちょでもOK（腰百会）。

column

冬こそ気をつけたい認知症

―――

冬は特に血流が悪くなり、認知症の症状がでやすい時期です。東洋医学では、腎臓のエネルギーが不足したり、身体の水分や血液がドロドロになることなどで頭部へいく血流が少なくなって、起こると言われています。

猫ではわかっていないことも多く、体調不良も隠しがちなので早期発見が難しいのですが、11〜14歳で3割、15歳以上になると半数以上が、認知機能の障害にともなう行動変化がみられる研究結果があります。

半年前と比べて、こんな症状が気になりませんか？

＜認知症チェック＞

- □ ぼーっとして反応が鈍い
- □ 目的なくふらふら歩く、ぐるぐる同じ方向に回る
- □ 飼い主や同居猫などと遊ばなくなる
- □ 飼い主にくっついて行動する
- □ 狭いところから出られなくなる
- □ 目的なく鳴く(特に夜中)
- □ 食べているのに痩せてくる
- □ イライラして攻撃的になる
- □ トイレ以外の場所で便や尿をする
- □ 毛づくろいをあまりしなくなる

半年前に比べて当てはまる項目が増えていれば、認知機能が衰えている可能性があります。

まずは一度動物病院に行ってみてください。認知症と一緒に隠れている病気もあるかもしれません。

その上で、お家で出来ることがもちろんあります！

＜認知症かな？と思ったら…＞

認知症の症状をなるべく進行させない為には、

- **健康的な食事**：抗酸化成分やオメガ3脂肪酸などが入った食事やサプリ(猫用)を与える
- **ストレスのない環境**：暖かい場所、お気に入りのくつろげる場所を整える、模様替えなど大きな変化を避ける、段差が大きい場所にスロープやステップをつくるなど
- **適度な運動**：猫じゃらしやフード入りおやつなどで遊ぶ
- **脳への刺激**：色々なニオイをかがせたり、身体を隅々まで触ったり、マッサージなどをする

中でもマッサージは、飼い主さんとのコミュニケーションになり、猫の安心感にもつながります。認知症の原因の一つであるストレスの解消のほか、ツボを押すことで血流も改善出来、良いことづくめです♪

認知症予防に効果的な マッサージ

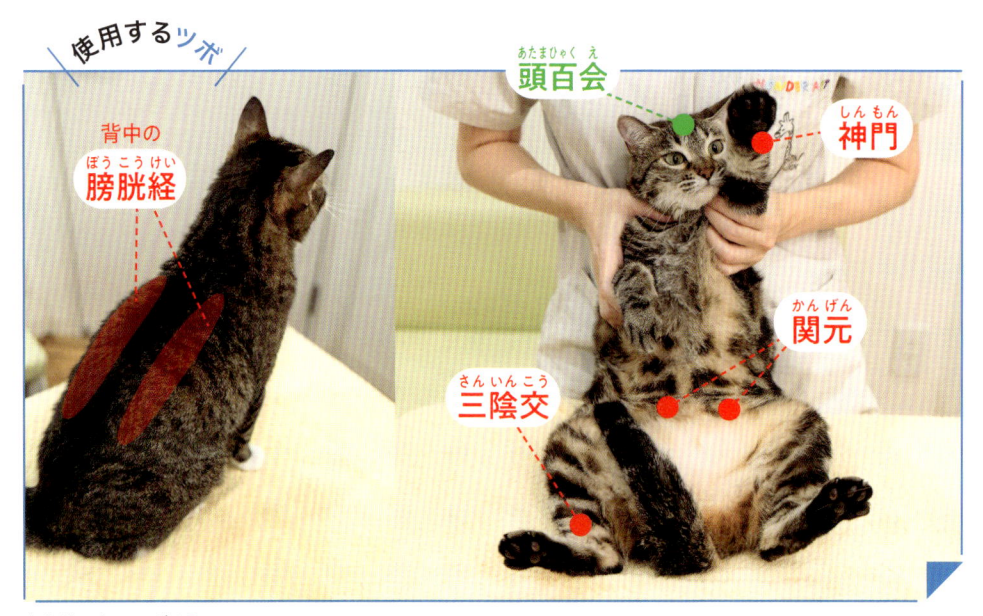

使用するツボ

頭百会（あたまひゃくえ）

神門（しんもん）

背中の 膀胱経（ぼうこうけい）

関元（かんげん）

三陰交（さんいんこう）

中心線にあるツボは●

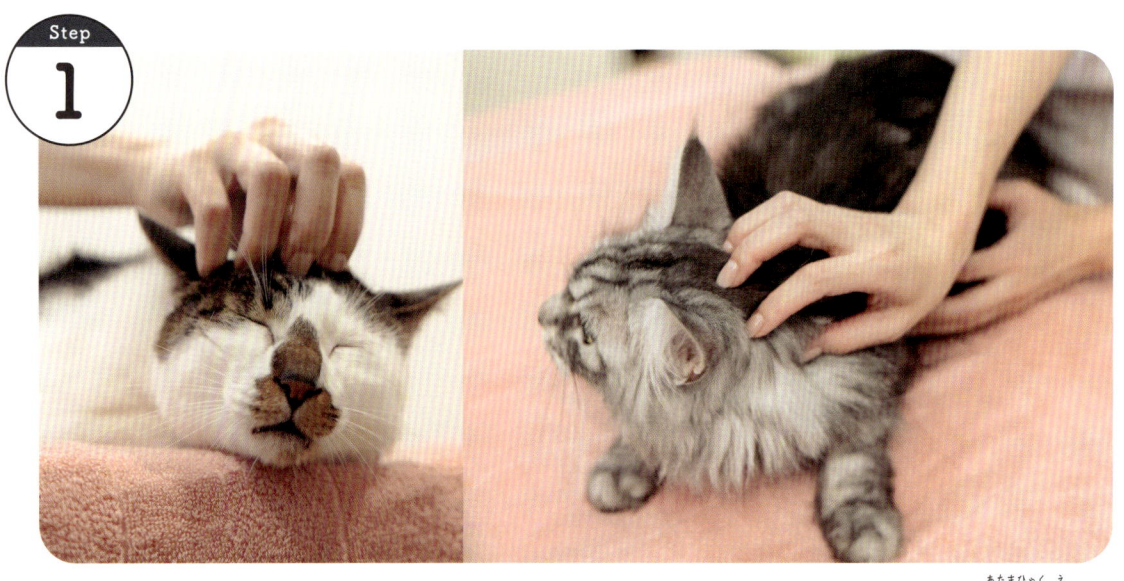

Step 1

頭の中心に中指をあて、左右の指も一緒に少し指（爪）を立てるように首までさする（頭百会）。

Step 2

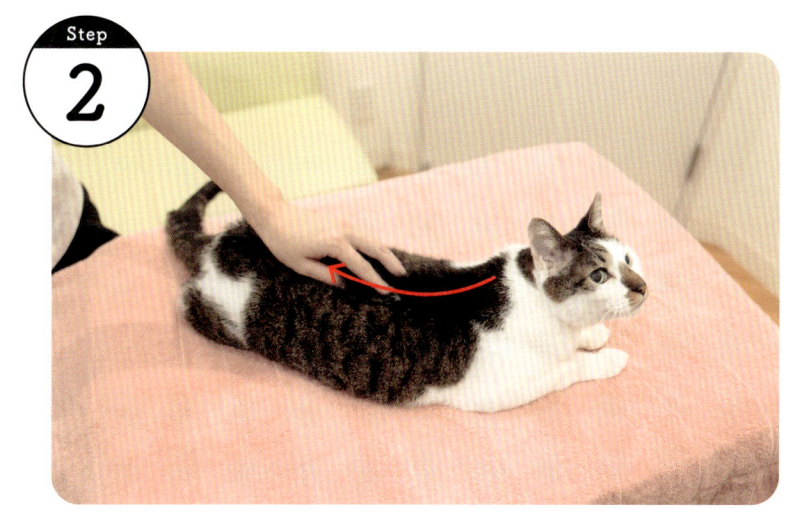

そのまま少し指を立てるように、背骨の中心に中指、背骨の左右に人差し指と薬指をあて、首元(肩甲骨の間)から尻尾に向かってなでる(膀胱経)。

Step 3

うむ。

前あし、後ろあしの肉球や水かき、手首足首まわりをもみもみ(神門、三陰交)。

Step 4

お腹を触れる子は、お腹に手をあてて頭側からお尻側へなでる(関元)。

Yellow Pages

季節の
イエローページ

- 梅雨(6、7月)、雨の日に気をつけたいこと
- 季節の変わり目に気をつけたいこと
- おすすめの道具

梅雨(6、7月)、雨の日

＜湿気の多い日に起こりやすい不調＞

関節の痛み、尿がでにくい、身体のむくみ、耳だれが多い、
寝ている時間が増える、動きが遅い

使用するツボ

労宮（ろうきゅう）

豊隆（ほうりゅう）

巨闕（こけつ）

中心線にあるツボは●

＜湿気の多い日におすすめのマッサージ＞

水分代謝を整え、むくみをとる

Step 1

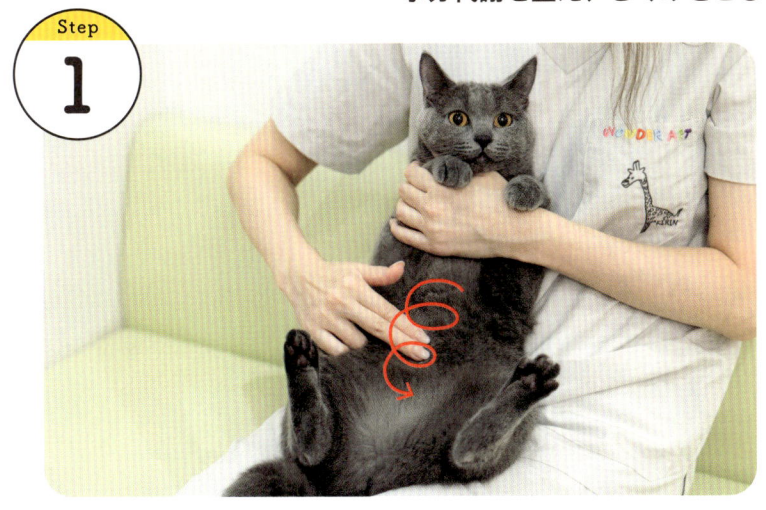

みぞおちあたりからお腹に向けて、指の腹でくるくる（巨闕）。

Step 2

むにっ

膝とかかとの間をつまんではなすを繰り返す。特に真ん中あたりを重点的に（豊隆）。

Step 3

もみもみ

前あしの肉球をもみもみ（労宮）。

季節の変わり目に気をつけたいこと

次の季節の準備を行う季節で、気温差が大きく、自律神経の乱れが起こりやすい。
疲れやすい季節で、弱いところに症状がでやすいが、特に胃腸関係の不調
が多く、吐き気や食欲不振、下痢、便秘などがよくみられる。

使用するツボ

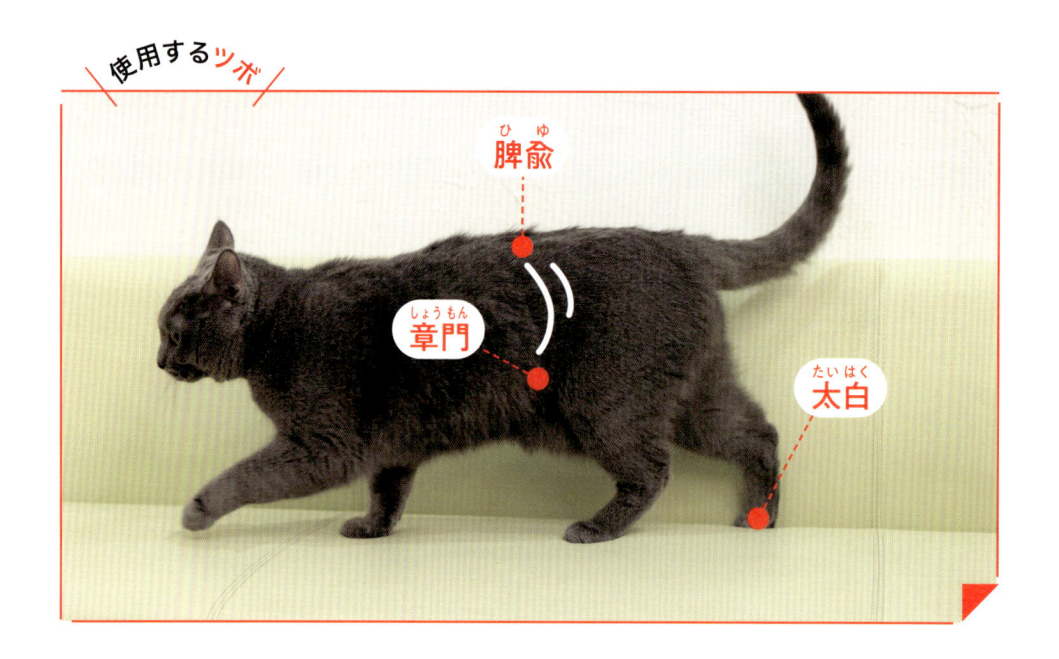

脾兪（ひゆ）
章門（しょうもん）
太白（たいはく）

＜季節の変わり目におすすめマッサージ＞
消化機能を助け、気力を補う

Step 1

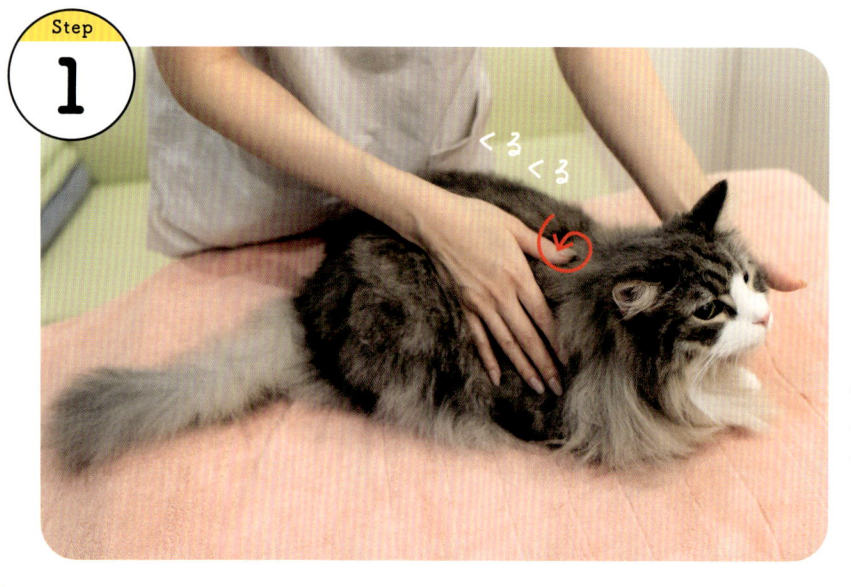

くるくる

肋骨の上あたりに手を
おき、親指が届く範囲
で背骨周辺をくるくる
さすったり押したりする
（脾兪）。

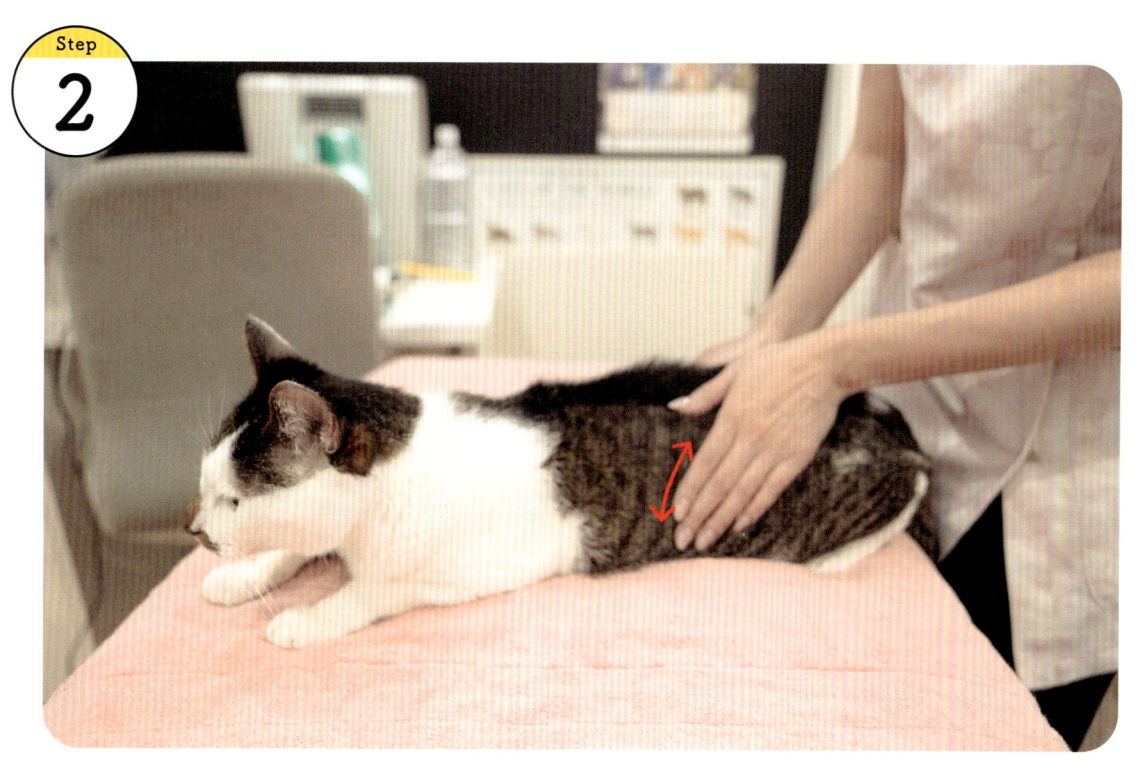

肋骨終わりを骨に沿ってさすっていく。硬いところや、触ると皮膚が震えたり力が入るような場所があれば、そこを重点的にさする（章門）。

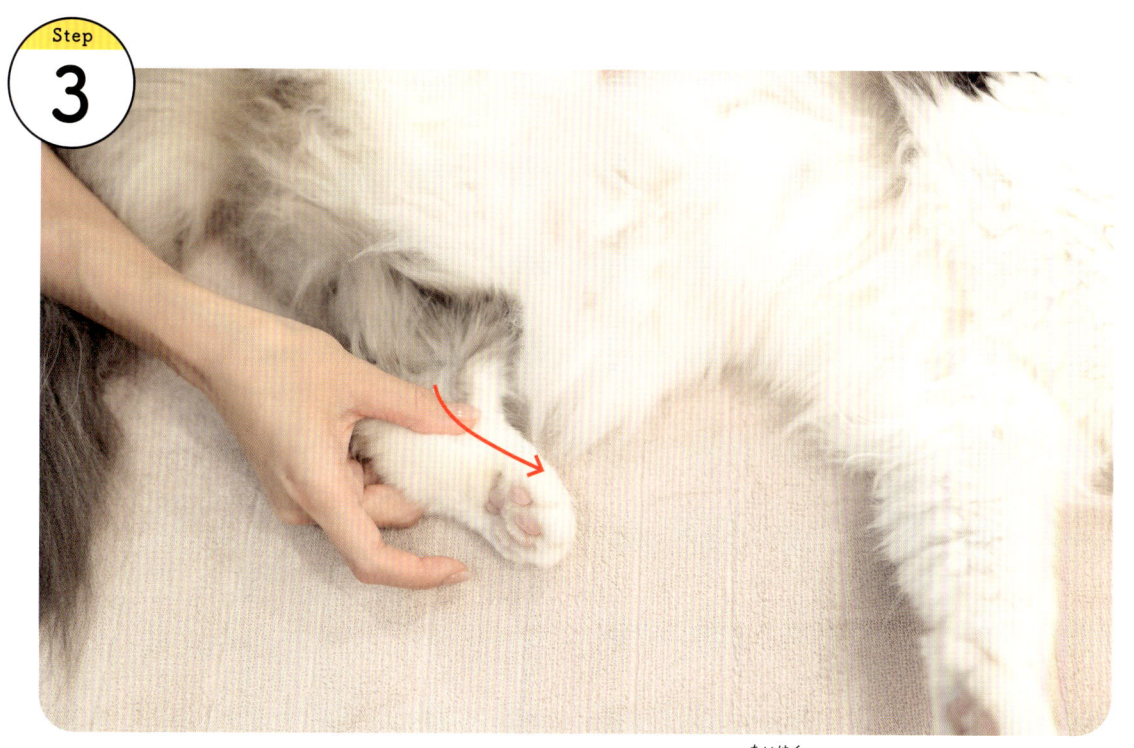

後ろあし、内側のくるぶしから足先にかけて優しくなでていく（太白）。

オススメの道具

スプーン　歯ブラシ

小豆カイロ

小豆カイロ

顔周りや腰周り、お腹周りを温めるのに使います。
温めるとマッサージの効果がアップするので季節を問わず使いますが、特に冷える秋や冬に大活躍します。
既製品の人用のアイマスクも使いやすいです。

スプーン

熱感がある時やリンパを流す時、力をあまり入れたくない時などに使います。特に夏に使用することが多いです。
広い部分は大きめスプーン、狭い部分は小さめスプーンを使うといいでしょう。
スプーンの丸く出っ張っているところでなでたり、さすったりして使います。
反対の柄の部分はツボ押しなどで使うこともできます。

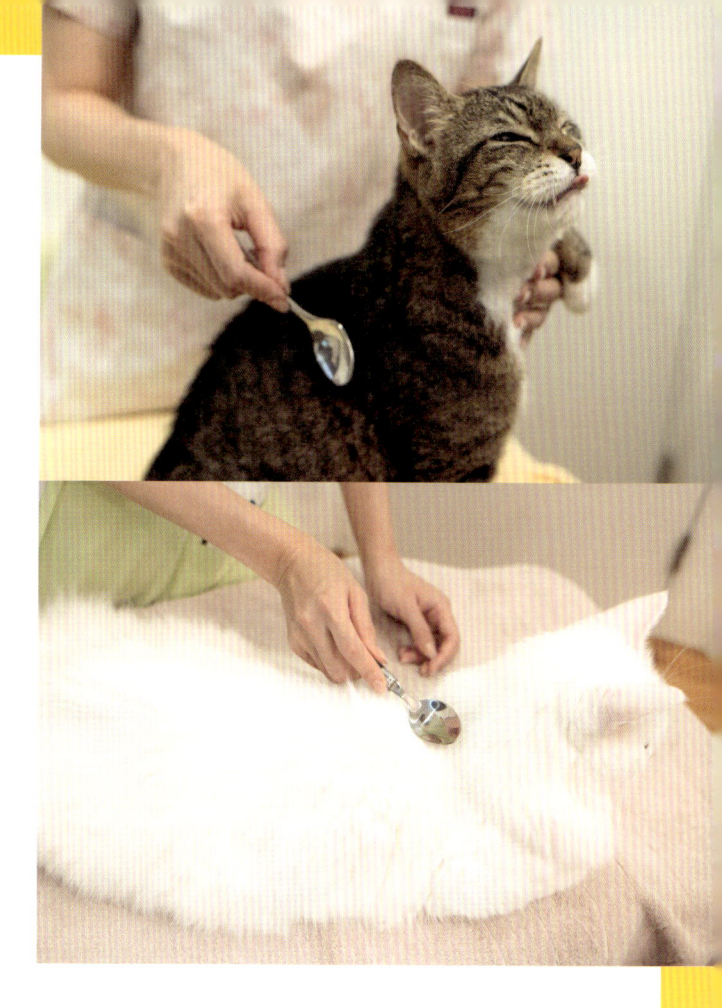

歯ブラシ

ザラザラとした感触と小回りのきくヘッドの大きさがマッサージに最適。
特に顔周りに使うのが好きな子が多く、指に慣れていない子は歯ブラシからマッサージを始めてもいいです。
季節関係なく使えますが、春など顔周りに異常がでることが多い季節によく使います。

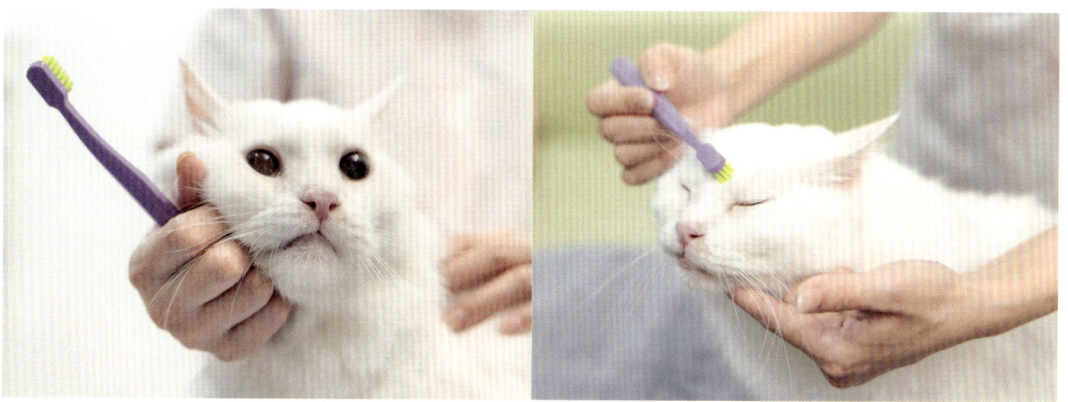

スペシャルにゃんクス!

みんな大活躍!!
お世話になった猫さんプロフィールです。

キリ
ミックス

ブラッシングが好きなおじいちゃんです。名前を呼んだら1分ぐらい経ってから膝元に来ます。

こたろう
ミックス

痛い注射・苦い薬を頑張って、難病をやっつけた男の子。おとうさんが大好きで一緒に寝ています。由貴先生のマッサージもうっとりのこた君です。

オリ
ミックス

骨盤骨折、お腹に穴があいたところから頑張った、頑張り屋さん。これから、鍼治療で飛び回れるようになるんだよね。スリスリ大好き♡な女の子です。

ミコ
メインクーン

立派なたてがみと凛々しい顔立ちだけど、綺麗なソプラノボイスの女の子です。おもちゃ遊びが大好きです。

※こたろう、オリ
　動物保護団体あにまーるの猫さんです。

動物保護団体あにまーる
一番小さな保護団体かもしれません。
でも、小さな命を助けたいと思う気持ちは、大きいです。
「いらない命は無い。命はみんな一緒」が我々の志です。

しゅり
ミックス

他の猫が可愛がられてると必ず割り込む気の強いおじいちゃん。実はビビリの小心者。日向ぼっこ大好き。

マーリン
ラグドール

珍しいひとりっ子。性格は甘えん坊なおっとりさん、整ったお顔立ちのキレカワ系。お出迎えした時から好奇心旺盛、人見知りしない子です。最近1年以上の下痢、嘔吐を克服しました。

ちゅら
ミックス

好奇心旺盛でかなりの甘えん坊さん。大好きなしゅりの毛繕いをいつもしている。おもちゃクラッシャー。

アミリ
ミヌエット

賢くあざとい世渡り上手。人懐っこさでみんなを笑顔にするアイドル猫♡

ベル
スコティッシュフォールド

キュートなお顔は歳を重ねて、ますます可愛くなっています。しっかり者の超マイペース。趣味はiPadで猫動画を見ることです。

チェバピ
サイベリアン

人が大好きで甘え上手なみんなのアイドル♡さつまいもとお魚が大好き!趣味は追いかけっことバードウォッチング。

ニノ
ノルウェージャンフォレストキャット

楽しんでFLORAの看板猫をしています。いたずらっ子で甘えん坊。出汁の香りとみんなに撫でてもらうのが大好き。

トワ
ノルウェージャンフォレストキャット

癒し系美人さん。シャンプーの時は自分からお湯に浸かりにいくほどお風呂好きな子です。

シャル
メインクーン

FLORAの看板猫で、動物達への神対応から飼い主さん達からよく「神」と呼ばれています。時々もらうドッグフードとササミが大好き。

ダリア
シャルトリュー

遊ぶのが大好きな甘えん坊さん。我が家のお姫様です。キュルンと言いながら甘えてくる可愛い女の子。チャームポイントはしましまシッポ。

メープル
ミックス

家族の中で1番小さいけれど、1番おしゃべり。短い手足と長いおひげがチャームポイント。得意技はマンチ立ち。

おこめ
ミックス

「よく食べて、よく遊んで、よく寝る」大人だけど仔猫みたいな子です。

ありがとにゃん ♥

中桐由貴 （Yuki Nakagiri）

獣医師、鍼灸師。アニマルケアサロンFLORA医院長。
麻布大学獣医学部獣医学科卒（放射線学研究室）、お茶の水はり
きゅう専門学校卒。日本ペットマッサージ協会理事、日本メディ
カルアロマテラピー 動物臨床獣医部会理事、ペット薬膳国際協
会理事、刮痧（グアシャ）国際協会動物施術部会顧問、アニマル
ウェルフェア国際協会理事。著書に『ねこほぐし 猫を整えるマッ
サージ＆ストレッチ』『シニアねこほぐし 猫を整えるやさしいマッ
サージ』（産業編集センター）がある。

今まで飼った動物：
犬、猫、ハムスター、カメ、ザリガニ、フェレット、トカゲ、セキ
セイインコ、熱帯魚、フクロモモンガなど。
愛猫：シャル（写真右）、ニノ（写真左）、メープル

メッセージ：
「病気になってから治療する」という今までの動物病院の概念にと
らわれず、普段の生活上での心や身体のケア、食生活など様々な
面から、動物の健康寿命を延ばしていきたいと考えています。
動物たちと人間（飼い主さん）との関係をより良いものにできる
よう、お手伝いできたら嬉しいです。

協力：
アニマルケアサロンFLORA

アミリ、おこめ、オリ、キリ、こたろう、シャル、しゅり、ダリア、
チェバピ、ちゅら、トワ、ニノ、ベル、マーリン、ミコ、メープル
（五十音順）

春夏秋冬ねこほぐし
猫を整える 季節ごとのマッサージ

2025年2月14日 第一刷発行

著者 中桐由貴

写真 山上奈々（産業編集センター）
ブックデザイン 清水佳子
編集 福永恵子（産業編集センター）

発 行 株式会社産業編集センター
〒112-0011 東京都文京区千石4-39-17
TEL 03-5395-6133
FAX 03-5395-5320

印刷・製本 株式会社シナノパブリッシングプレス

ⓒ2025 Yuki Nakagiri Printed in Japan
ISBN978-4-86311-433-3 C0045